À Teoria pela Prática

INFORMÁTICA

EM EXERCÍCIOS

Questões de Concursos Comentadas

À Teoria pela Prática

Erion Dias Monteiro

INFORMÁTICA
EM EXERCÍCIOS
Questões de Concursos Comentadas

ALUMNUS

Ficha Catalográfica elaborada pela bibliotecária Marjorie Gonçalves, CRB1 2704

M775i

Monteiro, Erion Dias
Informática em exercícios / Erion Dias Monteiro. – Brasília : Alumnus, 2013.

192 p. 22,8 cm.

ISBN 978-85-65295-50-5

1. Computação. I. Medidas de Segurança. 2. Sistemas Operacionais. I. Windows. II. Linux. 3. Internet. 4. Intranet. 5. Questões Comentadas. I. Título.

CDU 004

Diretoria Editorial: Engels Rego e Antonio Geraldo Pinto Maia Junior

Editoria e Produção Editorial: Mariana Carvalho

Projeto Gráfico, Editoração Eletrônica e Revisão: Equipe Editorial Unyleya

Capa (projeto gráfico, criação e ilustração): MSD: Manu Design Estratégico

www.alumnus.leya.com.br

facebook.com/leyaalumnus

@LeyaAlumnus

O homem só descobre sua verdadeira altura quando se vê diante do obstáculo.
(Saint-Exupèry)

Ao meu pai, Edmilson Monteiro,
que me ensinou a viver com respeito,
determinação e, acima de tudo, com honestidade.

Sumário

Apresentação

Quem se prepara para concursos públicos precisa dar a real importância para a disciplina de Informática. Os tópicos de noções de informática, além de cada vez mais frequentes no conteúdo programático dos mais diversos editais de concursos públicos, estão, também, entre os tópicos que mais reprovam.

Entender o enunciado das questões, ter domínio do tema e conhecer a abordagem da banca são armas fundamentais para quem deseja ter êxito em um concurso público. Quase sempre, as provas cobram muito além do conhecimento que a noção prática do uso diário do computador proporciona.

Esta obra vai ajudá-lo a se livrar de vícios e armadilhas preparadas por bancas examinadoras. O uso prático do computador sempre nos possibilita a busca por meios alternativos de solucionar determinado problema; o que pode ser obtido com apenas alguns cliques diretamente na tela e logo a solução é apresentada. Se, por um lado as facilidades ajudaram a popularizar o uso do computador, tornando sua operação cada vez mais intuitiva, por outro, o usuário não se preocupa em memorizar detalhes da operação, firmar conceitos ou mesmo se perguntar o porquê disto ou aquilo funcionar de tal forma. São nas lacunas da operação rotineira que as bancas examinadoras costumam preparar as suas armadilhas. Esta obra constitui um referencial teórico e prático para quem busca a aprovação em concurso público e procura um viés que lhe proporcione uma boa base de conhecimento numa linguagem clara, simples e objetiva.

O candidato pode orientar seus estudos da forma que julgar mais indicado. Caso queira uma formação mais ampla, estude-o do início ao fim e terá uma gama de conhecimento que o tornam apto à prestação de qualquer prova que exija noções de informática. Aqueles que estão se preparando especificamente para um concurso, basta estudar pelos tópicos específicos do edital. Acreditamos que, seja qual for a forma de estudos que você escolha, este livro poderá ajudá-lo sobremaneira a obter ótimos resultados nas provas.

QUESTÕES COMENTADAS

CAPÍTULO 1

Noções de Hardware e Software – Componentes Funcionais do Computador

1. **(Cespe/TJDFT/Técnico Judiciário/Área Administrativa/2013)** No-break é um equipamento que mantém, durante determinado tempo, em caso de falta de energia elétrica na rede, o funcionamento de computadores que a ele estiverem conectados.

Comentários

UPS = Uninterruptible Power Supply, que se pode traduzir como **fonte de alimentação ininterrupta**, são dispositivos popularmente conhecidos como no-break, e são usados em aparelhos eletrônicos, como computadores. Sua alimentação é provida por uma bateria, que fica sendo carregada enquanto a rede elétrica está funcionando corretamente, e fornece energia suficiente para, em casos de falta de energia primária, permitir o salvamento dos trabalhos realizados.

2. **(FGV/FBN/Assistente Administrativo/2013)** Impressoras multifuncionais são largamente utilizadas, devido à facilidade de uso e à versatilidade que possuem. Nesse contexto, as impressoras multifuncionais 3x1 executam as funções dos seguintes equipamentos:

a) plotter, roteador e switch.
b) plotter, impressora e switch.
c) scanner, roteador e fotocopiadora.
d) scanner, impressora e fotocopiadora.

Comentários

Impressora multifuncional é um equipamento que desempenha diferentes funções e que faz diversos trabalhos ao mesmo tempo. Além de imprimir, também serve como scanner e máquina copiadora.

Plotter é uma espécie de impressora de grandes dimensões, usada para imprimir plantas feitas em CAD, adesivos de veículos, *outdoors*, *banners* etc.

Roteador é um equipamento de rede que recebe um pacote de dados e escolhe o melhor percurso (rota).

Switch é um equipamento de rede que permite conectar e separar computadores de redes diferentes.

3. **(FCC/DPE-SP/Agente de Defensoria - Contador/2013)** A placa-mãe é um dos componentes críticos dos computadores, pois definirá as limitações da máquina como um todo. Você deve prestar muita atenção em uma série de detalhes na hora de escolher sua motherboard. Assinale a alternativa correta sobre a placa-mãe.

a) Compatibilidade com pentes de memória: se não houver compatibilidade com o barramento DRR, é provável que dentro de poucos anos o componente fique estagnado, por não poder possibilitar mais upgrades.

b) Pinagem do processador: os processadores ganham a cada ano novas arquiteturas e por isso precisam de novos slots nas placas-mãe. Hoje os fabricantes de CPUs Intel e Asus, usam o topo da tecnologia conhecida como Soquete 7.

c) Slots disponíveis para placas offboard: placas de vídeo offboard, placas de som e outros dispositivos exigem slots (geralmente APG, hoje raros são os dispositivos PCI-Express) disponíveis para a instalação. Sem eles, não há como fazer a comunicação entre placa offboard e o sistema operacional que o reconhecerá.

d) Chipset: se você não quiser instalar placas de vídeo offboard, deve ficar ainda mais atento para esse detalhe. O chipset é um conjunto de chips utilizado na placa-mãe que realizam diversas funções de hardware, como controle dos barramentos, controle e acesso à memória, processamento das informações gráficas onboard etc. As placas-mãe com chipset ATI e Intel são muito utilizadas.

e) USB: se antes as USB 1.0 eram ultrapassadas, agora os usuários devem tomar cuidado com as USB 2.1, não que elas estejam sendo abandonadas, mas é recomendado que já sejam escolhidas as placas-mãe com USB 3.1.

Comentários

Observe que esta questão foi aplicada em uma prova para o cargo de contador. Imagine o que a Banca pode cobrar para cargos na área de Tecnologia da Informação (TI). Principalmente, para leigos, é a típica questão chata, longa e cansativa.

Alternativa **a**: nesta alternativa foi citado barramento DRR. O certo seria barramento DDR – acrônimo para Double Data Rate, um padrão de barramento e slot conector de "pentes" de memórias RAM.

Alternativa **b**: soquete 7 é um conector de 321 pinos de contato, padrão para processadores Pentium, tecnologia que já foi ultrapassada, portanto, não pode ser referenciada como topo da tecnologia. Os computadores atuais da linha Core i7, por exemplo, usam conectores com mais de 1.100 contatos (LGA – 1.156 ou LGA – 1.366). Há mais de dez anos, o soquete 7 era considerado o topo da tecnologia.

Alternativa **c**: neste item, novamente a banca brinca com as siglas. Não existe slots do tipo APG. O correto seria AGP – Accelerated Graphic Port, um conector usado somente para conectar placas de vídeo, atualmente substituído pelo padrão PCI-Express.

Alternativa **d**: chipset é o conjunto de chips responsáveis pelo controle de diversos dispositivos de entrada e saída como o barramento, o acesso à memória e ao HD, dispositivos on-board, comunicação do processador com a memória RAM e componentes da placa-mãe. É comum encontrarmos dois chipset: Ponte Norte (North Bridge) e Ponte Sul (South Bridge). O chipset Ponte Sul geralmente é responsável pelo controle de dispositivos de entrada ou saída (I/O) como as interfaces IDE/ATA que ligam os discos rígidos, CD e DVD-ROMs e drivers de disquete ao processador. Controlam também as interfaces Serial ATA (SATA). Geralmente, cuidam ainda do controle de dispositivos on-board como, por exemplo, o som e PS/2.

Alternativa **e**: só existem portas USB 1.1 – USB 2.0 e USB 3.0.

4. **(Cespe/Correios/Agente de Correios/Operador de Triagem e Transbordo/2011)** É responsável pela realização de cálculos matemáticos em um computador o componente de hardware denominado

a) barramento do sistema.
b) teclado.
c) processador.
d) byte.
e) disquete.

Comentários

Processador é o mesmo que Central Process Unit (CPU), ou, ainda, Unidade Central de Processamento (UCP); pode-se também encontrar citações como chip principal ou microprocessador. Trata-se de circuito eletrônico responsável pela etapa de processamento. Basicamente, o processador é composto pela Unidade de Controle (UC), Unidade Lógica e Aritmética (ULA) e Registradores. A etapa de processamento é quando os dados de entrada serão analisados, comparados e calculados para que se apresente algum resultado (saída). Para a Unidade de Controle (UC) são trazidas, uma a uma, essas instruções e, então, em relação a cada uma delas é feita uma análise. Depois da análise, se for o caso de utilização de dados, esses são buscados também na memória e a instrução é processada na ULA.

O processador fica encaixado em um socket na placa-mãe, devendo observar que cada placa-mãe foi desenvolvida para determinados modelos de processador, não aceitando, assim, um tipo qualquer de processador. Cada tipo de processador tem características que o diferenciam de outros modelos, a quantidade de pinos, por exemplo, ou na velocidade de processamento.

Os principais fabricantes de processadores são Intel e AMD. Processadores Core i7, Core i5, Xeon, Atom e Itanium são marcas da Intel. Já os modelos Phenon, Athlon e Sempron são produzidos pela AMD. Geralmente, quando uma questão de informática cita "responsável pela realização de cálculos matemáticos", a primeira coisa em que se pensa é em ULA. Mas, não devemos esquecer que a Unidade Lógica e Aritmética é componente do processador.

5. **(Cespe/Sejus-ES/Agente Penitenciário/2007)** O termo **hardware** é usado para designar o conjunto de programas instalados no computador que permite a execução de diversas tarefas.

Comentários

Hardware: conjunto de meios físicos do computador. Envolve tudo aquilo que é palpável, ou seja, todas as partes que podemos ver e tocar que compõem um sistema computacional, incluindo seus periféricos; conjunto de peças mecânicas, elétricas, eletrônicas e eletromagnéticas. O hardware também é conhecido como elemento não inteligente; isso quer dizer que, para funcionar, ele necessita de comandos lógicos que possam lhe atribuir funções de operação. Normalmente, simplifica-se dizendo que o hardware é a parte física do computador.

Software: basicamente, é o mesmo que programa de computador. É o conjunto de instruções lógicas, necessárias para o funcionamento do sistema. Comporta os programas que irão funcionar e informar ao hardware o que fazer. A partir desses dois conceitos básicos, outros foram desenvolvidos, como, por exemplo: Firmware e Peopleware.

Firmware: é um conjunto de instruções gravadas diretamente no hardware no momento da fabricação do componente. Em outras palavras, podemos dizer que alguns dispositivos de hardware possuem um software embarcado, isso quer dizer que o dispositivo possui um programa armazenado pelo fabricante em memória que não pode ser alterado, fazendo com que obtenha melhor desempenho. É possível encontrar esse recurso em chips de telefones celulares, memória ROM, impressoras, aparelhos de DVD e até máquinas de lavar roupas.

Peopleware: é uma expressão que no passado era utilizada para designar profissionais de informática, como digitadores, programadores e analistas de sistemas. Hoje, o termo **peopleware** se aplica a todos aqueles que utilizam meios computacionais. Seja um usuário, um analista de sistemas ou mesmo um cliente que não se envolve com a operação direta do equipamento.

O erro da questão está em afirmar que hardware é um conjunto de programas.

---

6. **(Cespe/Sejus-ES/Agente Penitenciário/2007)** O sistema operacional é um hardware que gerencia as funções do computador.

Comentários

O sistema operacional é o principal software do computador. Pode ser entendido como um programa, ou um conjunto de programas que tem as funções de gerenciar todos os recursos de hardware e software, apresentar uma interface de operação ao usuário e organizar arquivos e pastas.

A questão está errada por afirmar que o sistema operacional é um hardware.

(Cespe/Ibama/Técnico Administrativo/2012) Acerca de componentes de informática e dos sistemas operacionais Linux e Windows, julgue os itens a seguir.

7. Quando se liga um computador, o sistema operacional é acionado, possibilitando inicializar e gerenciar o hardware, tornando possível sua utilização pelo usuário. O Linux e o Windows são sistemas operacionais distintos e possuem comandos diferentes para executar uma mesma tarefa, como listar arquivos de um diretório, por exemplo.

Comentários

O sistema operacional é executado logo que o computador é ligado. A carga automática do sistema operacional é conhecida como bootstrapping ou simplesmente, boot.

O sistema operacional é o principal software do computador e exerce a função de se colocar como interface da interação homem/máquina, colocando-se entre o usuário e o hardware.

Os sistemas operacionais modernos oferecem uma forma simples de interagir com o sistema, usando interfaces gráficas, que apresentam ícones e botões. Já nas versões mais antigas, apresentava-se uma interface não muito amigável, baseada em caracteres que deveriam ser digitados sobre um plano de fundo, normalmente preto. Sobre esta forma de interação, os comandos de Windows e Linux diferem bastante. Por exemplo, no Linux usamos o comando 'ls' para listar o conteúdo de um diretório. Já no Windows, o comando equivalente é 'Dir'.

Todas as afirmações no comando da questão estão certas.

8. Ao contrário de um software proprietário, o software livre, ou de código aberto, permite que o usuário tenha acesso ao código-fonte do programa, o que torna possível estudar sua estrutura e modificá-lo. O GNU/Linux é exemplo de sistema operacional livre usado em servidores.

Comentários

Software proprietário é o programa cuja cópia, redistribuição ou modificação são, em alguma medida, proibidos pelo seu proprietário. Proprietário, neste caso, deve ser entendido como aquele que desenvolveu o software e não quem o adquiriu. Para usar, copiar ou redistribuir, deve-se solicitar permissão ao proprietário, ou pagar para fazê-lo.

Em linhas gerais, pode-se afirmar que o software proprietário restringe o acesso ao código fonte, não podendo este ser aperfeiçoado ou modificado pelos usuários. Já no software livre, o acesso ao código fonte é permitido, podendo ele ser usado, estudado, copiado, redistribuído e modificado, ainda que com alguma restrição.

O mais preeminente exemplo de software livre e de código aberto é o sistema operacional Linux.

9. **(Cespe/TRE-ES/Cargos de Nível Médio/2011)** A menor unidade de informação armazenável em um computador é o byte, suficiente, em muitos casos, para armazenar um caractere.

Comentários

Bit é abreviação do termo inglês Binary Digit (dígito binário) e representa a menor unidade de informação que o computador consegue interpretar, pode assumir dois valores: 0 ou 1.

Byte (Bynary Term ou Termo Binário) é o conjunto de oito bits, mesma medida necessária para representar um caractere de nossa linguagem, como uma letra, um número ou um sinal gráfico.

Embora a indústria do hardware construa memórias cujo acesso, armazenagem e recuperação de informações sejam efetuadas byte a byte (ou caractere a caractere), diversos sistemas computacionais possuem comandos capazes de manipular bits. Esses comandos são muito utilizados para interpretar dados lógicos como verdadeiro ou falso, associados aos valores 0 e 1.

Errada a questão por afirmar que o byte é a menor unidade de informação.

10. **(Cespe/TRE-ES/Cargos de Nível Médio/2011)** Os dispositivos de entrada e saída usam 1 byte como unidade-padrão de transferência de dados, isto é, transferem 1 byte de dados por vez.

Comentários

A transmissão de dados pode ser classificada como serial ou paralela, dependendo da forma como os dados são transmitidos. Os dispositivos de entrada e saída, como impressora, mouse e teclado podem usar tecnologias para a trasferência de dados, de acordo com o modelo de porta de comunicação que utilize.

Numa porta serial, a transferência de dados ocorre pelo bit na linha de comunicação única. Ou seja, os dados são enviados em uma forma serial (bit por bit) em uma linha única. Isso faz com que o custo de desenvolvimento seja reduzido, uma vez que basta um único fio ou o canal de comunicação para a transmissão de bit serial.

Em análise mais simples, a transmissão de dados serial é lenta comparando com a transmissão paralela. Na transmissão paralela de dados, a maior parte de dados são organizados em bytes de 8 bits, requerendo mais de um canal de comunicação, e, como consequência, obtém-se maior velocidade na transmissão.

Nos dias atuais, o mais comum é encontrarmos dispositivos que utilizem portas de comunicação serial: USB – Universal **Serial** Bus, por exemplo. Daí, por que a velocidade de trasmissão costuma ser medida em bits por segundo (bps) e não em Bytes.

Não se pode afirmar categoricamente que dispositivos de entrada e saída usam 1 byte como unidade-padrão de transferência de dados.

11. (IF-SE/IF-SE/Assistente Social/2010) Suponha que um digitador, trabalhando continuamente dia e noite, digite a uma velocidade constante de 60 palavras por minuto. Pressupondo que uma palavra seja formada por 5 caracteres e que cada um ocupe um byte, quanto tempo o digitador levará para preencher um CD de 640 MB (megabytes)?

a) Mais que um e menos que seis meses.
b) Mais que um e menos que dois anos.
c) Mais que dois e menos que quatro anos.
d) Mais que quatro e menos que cinco anos.
e) Mais que cinco anos.

Comentários

Esta questão é difícil de ser resolvida sem usar uma calculadora. Bom, como em toda resolução matemática, há mais de uma forma de se resolver a questão. Sugiro os seguintes cálculos:

Um dia corresponde a 1.440 minutos (24 horas x 60 minutos).

Logo, 1.440*60 palavras por minuto = 86.400 palavras

86.400 x 5 caracteres = 432.000 caracteres

1 CD = 640 MB = 640.000.000 caracteres

640.000.000 / 432.000 = 1.481,48 dias

1.481,48/365 = 4,058 anos

Considere que foram usados os operadores * para multiplicação e / para divisão.

Lembre-se de que a cada 1.024 bytes, temos 1 KB (1 kilobyte) e a cada 1.024 KB, temos 1 MB (megabyte). Mas, para simplificarmos os cálculos, costumamos arrendondar os valores para apenas 1.000.

O valor encontrado foi 4,058.

12. (FCC/TRE-SP/Técnico Judiciário/2006) Considere as afirmativas.

I – Levando em conta que um byte representa um único caractere, o tamanho dos arquivos residentes nas unidades de armazenamento do computador será medido em bytes ou seus múltiplos, tais como, Kilobytes, Megabytes, Gigabytes etc.

II - Cada arquivo armazenado no disco rígido do computador pode ocupar o espaço de até 1.024 kilobytes (Kb).

III - Cada pasta ou diretório pode conter até 1.024 arquivos e, então, a sua medição de capacidade máxima passa a ser em megabyte (Mb).

IV - O armazenamento de dados em disquete de três polegadas e meia, pode alcançar, no máximo, 1,44 Mb.

Em relação ao armazenamento de dados no ambiente Windows, é correto o que consta apenas em

a) II e III.
b) I e IV.
c) I, II e III.
d) I, II e IV.
e) II, III e IV.

Comentários

A FCC, tradicionalmente, apresenta os termos KB, MB e GB com a segunda letra minúscula. Essa notação é tida como incorreta e confunde muito os candidatos. Mas, como disse, é uma tradição da banca.

Item **I**: certo. O tamanho dos arquivos sempre é medido em bytes e seus múltiplos. Veja a tabela a seguir:

Unidade	Correspondente
1 KB (Kilobyte)	1.024 Bytes
1 MB (Megabyte)	1.024 KB
1 GB (Gigabyte)	1.024 MB
1 TB (Terabyte)	1.024 GB
1 PB (Petabyte)	1.024 TB
1 EB (Exabyte)	1.024 PB
1 ZB (Zetabyte)	1.024 EB
1 YB (Yottabyte)	1.024 ZB

Item **II**: errado. Não há limite pré-estabelecido para o tamanho do arquivo.

Item **III**: errado. Também não há limite pré-estabelecido para o tamanho da pasta.

Item **IV**: certo. Um disquete de 3,5” tem capacidade de armazenar 1,44 MB. Na verdade, são dois lados com 720 KB, totalizando 1.440 KB.

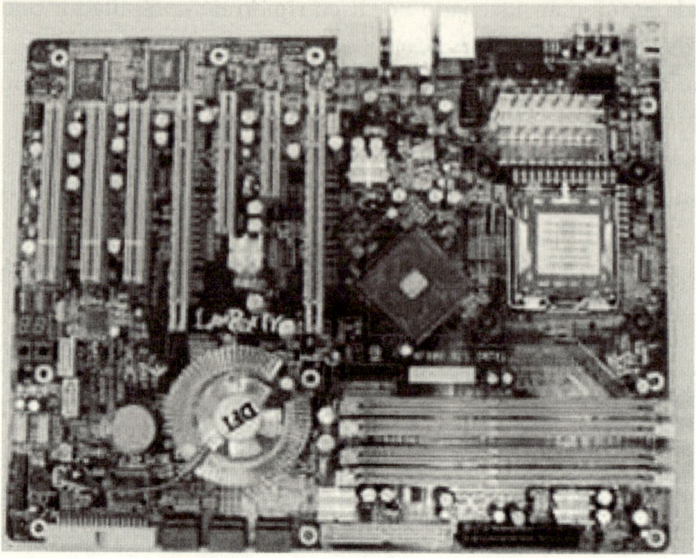

13. (Cespe/Correios/Agente de Correios/Operador de Triagem e Transbordo/ 2011) Na figura anterior, identifica-se o componente de hardware, normalmente encontrado em computadores modernos, denominado

a) disco rígido (HD).

b) pendrive.

c) nobreak.

d) gravador de DVD.

e) placa-mãe.

Comentários

Com certa frequência, as bancas examinadoras usam imagens de componentes em suas provas. É muito comum apresentarem imagens de tipos de cabos, conectores, impressoras etc. A quem não está muito familiarizado com nomes e tipos de componentes computacionais, recomenda-se os *sites* de busca – o *Google*, por exemplo – basta clicar no menu Imagens, digitar o nome do componente. Geralmente, as bancas também buscam assim a imagem que irão apresentar em suas provas.

No caso desta questão, especificamente, nenhum dos itens citados parece com a imagem, exceto a alternativa que realmente a identifica. Trata-se de um modelo de placa-mãe, também conhecida por motherboard ou mainboard.

14. **(FCC/TRT 4ª Região-RS/Técnico Judiciário/Área Administrativa/2011)** Numa rede LAN (Local Area Network), o recurso de hardware mínimo que deverá estar instalado no computador para permitir a comunicação com os demais elementos da rede é

a) o teclado.

b) o hub.

c) o cartão de memória.

d) o switch.

e) a placa de rede.

Comentários

Dentre as alternativas apresentadas, descartemos imediatamente **teclado** e **cartão de memória**, pois não há nenhuma ligação entre esses dispositivos e recursos de rede. Agora, analisaremos os demais itens.

Hub e **switch**, embora muito parecidos fisicamente, são dispositivos com características bem distintas. A principal diferença entre eles é que os switches são considerados aparelhos inteligentes, pois fecham canais exclusivos de comunicação entre o computador que está enviando dados e o que está recebendo, permitindo que vários pares de computadores troquem dados entre si, simultaneamente, o que melhora bastante a velocidade em redes congestionadas, tendo muitos computadores em uso. Outra vantagem dos switches é que eles permitem o uso do modo Full-Duplex, o que permite enviar e receber dados ao mesmo tempo.

Hub é um equipamento muito simples, incapaz de identificar o endereço do computador destinatário que está na mensagem (é como se fosse um carteiro que não sabe ler o destinatário das cartas). Portanto, se se manda uma mensagem do computador A para o computador D em uma rede que tenha cinco computadores (computadores A, B, C, D, E) e o concentrador da rede for um Hub, ao receber uma mensagem, ele não saberá identificar o destinatário dessa mensagem. Então, ele envia uma cópia da mensagem para todos os computadores que estiverem ligados a ele. Isso ocorre porque o Hub trabalha em broadcast, ou seja, transmitindo para todos.

Se uma rede for montada com um hub, a topologia será em estrela, mas funcionará logicamente em barra e o sentido da transmissão será Half-Duplex (pode-se enviar e receber dados pelo mesmo caminho, mas não simultaneamente. Em resumo, ou se envia ou se recebe!). Por outro lado, se a rede for montada com um switch, a rede será fisicamente em estrela e seu funcionamento lógico também será em estrela. Isso ocorre porque o switch cria um circuito privado para ligar o computador transmissor ao receptor, não replicando a mensagem para os demais computadores, ficando, assim, liberados para enviar e receber mensagens.

Uma placa de rede, também chamada adaptador de rede ou NIC, acrônimo inglês para Network Interface Card, é um dispositivo de hardware responsável pela comunicação entre os computadores ligados em rede. Ela permite que computadores "conversem" entre si, usando uma série de regras de envio e recebimento de dados. Essas regras são conhecidas como protocolos. Vale lembrar que existem diferentes arquiteturas de rede; para cada uma delas, existe um tipo específico de placa de rede, sendo as mais comuns a arquitetura de rede em anel (ou Token Ring) e a arquitetura Ethernet (a mais popular).

Embora o tema seja complexo, a questão é simples de resolver. Diante dos itens apresentados, a placa de rede é mais elementar.

15. **(FCC/Sefaz-PB/Auditor Fiscal de Tributos Estaduais/2006)** O sistema básico de registro de informações em um computador é o binário. Sendo assim, o número binário **0011011101** corresponde ao decimal

a) 91.
b) 121.
c) 201.
d) 221.
e) 301.

Comentários

Em computação, é comum a utilização de sistemas de base 2 (binário), base 8 (octal) e base 16 (hexadecimal). Em nosso dia a dia, costumamos usar sistema de base 10 (decimal). Um número de qualquer base pode ser convertido para ser representado em outra. Normalmente, as provas de concursos, quando cobram conversão de bases, limitam-se às bases 10 e 2, ou seja, conversão de números binários em decimais e vice-versa. Outras conversões e operações de álgebra computacional apenas são exigidas em provas para áreas específicas como Analista de Sistemas, Programadores e Engenheiros.

Conversão de números binários para decimais

A conversão do número inteiro, de binário para decimal, será feita da direita para a esquerda, isto é, determinam-se primeiro os algarismos das unidades (o que vai ser multiplicado por 2^0); em seguida, o segundo algarismo da direita (que será multiplicado por 2^1) e, assim, 2^2, 2^3, 2^4 etc...

Por exemplo, para calcular o valor decimal do número binário 11001, temos:

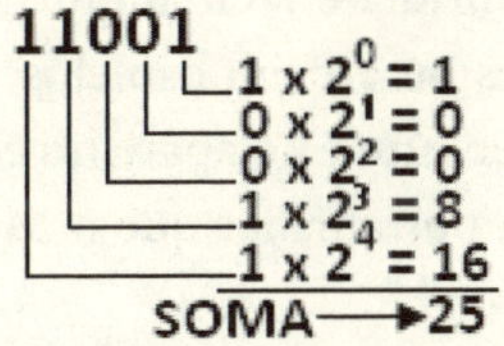

Daí, somando-se os resultados dos produtos, encontramos o valor correspondente, o número decimal **25**.

Devemos levar em conta que os valores da base 2 não serão alterados. Então, podemos criar marcadores fixos que facilitam muito o cálculo nesse tipo de questão. Sendo assim, considerando um número binário de oito bits, podemos afirmar que da direita para a esquerda, teremos os números: 1, 2, 4, 8, 16, 32, 64, 128.

Note que basta iniciar com 1 e preencher os valores à esquerda sempre utilizando o **dobro** do número anterior.

Vejamos o cálculo, tomando como exemplo o número binário **0011011101**, sugerido pela questão

512	256	**128**	**64**	32	**16**	**8**	**4**	2	**1**
0	0	**1**	**1**	0	**1**	**1**	**1**	0	**1**

Deve-se somar os valores setados, ou seja, os valores decimais que correspondem ao valor 1 do número binário.

Assim, temos: 128+64+16+8+4+1 = 221. Ou seja, o número $[\mathbf{0011011101}]_2 = [\mathbf{221}]_{10}$

16. **(Cespe/PC-TO/Delegado de Polícia/2008)** O MP3 é o dispositivo substituto do disquete, pois consiste em uma pequena memória portátil que funciona em equipamentos com uma porta USB.

Comentários

O candidato deve estar atento a esse tipo de questão, pois é muito comum confundir-se por conta da forma como certos componentes são identificados. MP3 é um formato de arquivos de áudio, um formato de compresão de arquivos que o popularizou para o compartilhamento de músicas. Daí, na versão moderna dos antigos walkmans foi desenvolvida uma série de dispositivos capazes de reproduzir esse tipo de arquivo, funcionando também como gravadores de voz e pendrive. MP3 Player, iPod e outros dispositivos são aparelhos que possuem essa característica. Hoje em dia é fácil adquirir esses produtos em lojas especializadas, feiras populares ou até em camelôs, mas, não se pode confundir o formato de arquivo que deu nome ao aparelho com o próprio aparelho.

A questão está errada por afirmar que o MP3 é um dispositivo quando se trata de formato de arquivo.

---

17. **(Cespe/Correios/Atendente Comercial/2011)** O modem
    a) é um tipo de memória semicondutora não volátil.
    b) é um tipo de interface paralela que permite a comunicação sem fio entre um computador e seus periféricos.
    c) é um roteador wireless para redes sem fio.
    d) tem função de garantir o fornecimento ininterrupto de energia elétrica ao computador.
    e) pode auxiliar na comunicação entre computadores através da rede telefônica.

Comentários

O termo **modem** deriva de Modulador e DEModulador de sinais. Originalmente, esse dispositivo foi desenvolvido com a finalidade de converter sinais analógicos em sinais digitais e vice-versa, tornando possível a comunicação entre dois computadores por meio de uma linha telefônica convencional. Com o passar dos anos e a chegada de novas tecnologias, o modem continuou com o seu princípio básico de conectar dois computadores, mas sem a necessidade de precisar converter sinais digitais em analógicos, uma vez que as linhas modernas, como Assimetric Digital Subscriber Line (ADSL) utiliza somente sinais digitais.

Quanto às alternativas, vejamos.

Alternativa **a**: tipo de memória semicondutora não volátil é uma referência clara à memória Flash. Comum a pendrivers, cartões de memória e chips de memória ROM.

Alternativa **b**: afirma que é um tipo de interface paralela que permite a comunicação sem fio entre um computador e seus periféricos. Poderia ser uma referência a Bluetooth ou ao Infrared Data Association (IrDA), já que ambos podem ser entendidos como definições de padrões de comunicação entre equipamentos sem fio, permitindo a conexão de dispositivos sem fio ao microcomputador (ou equipamento com tecnologia apropriada), tais como impressoras, telefones celulares, notebooks e PDAs. O problema é só no fato de que ambos utilizam a transmissão serial e não paralela.

Alternativa **c**: afirma que modem é um roteador wireless. Sim, podemos ter roteadores wireless que são também modem, mas essa não é uma regra.

Alternativa **d**: equipamento responsável por fornecimento ininterrupto de energia elétrica é função de um nobreak. Embora seja exagero afirmar que o fornecimento, de fato, será ininterrupto.

---

18. (FCC/TRT 4ª Região/Técnico Judiciário/Área Administrativa/2011) Barramento é um conjunto de linhas de comunicação que permitem a interligação entre os componentes do computador. O barramento USB (Universal Serial Bus) é classificado como um barramento de

a) entrada e saída.
b) dados.
c) endereço.
d) cache.
e) memória.

Comentários

Barramento é um conjunto de linhas de comunicação que permitem a interligação entre dispositivos, como o CPU, a memória e outros periféricos. Existem diversas formas de se classificar o tipo de barramento, as mais comuns são:

Seriais e Paralelos, em função do número de fios que transportam a informação. Em função do tipo de informação transferida existem, por exemplo, os barramentos de **Dados**, de **Endereço**, de **Controle** e **Multiplexados**. Em função da localização física, podem ser citados os barramentos internos às placas, os barramentos globais e os barramentos, também conhecidos como de **Entrada e Saída**.

Barramento de Entrada e Saída, também chamado de E/S ou I/O é um conjunto de circuitos e linhas de comunicação que se ligam ao resto do computador com a finalidade de possibilitar a expansão de periféricos e a instalação de novas placas. Ele permite conexão com placas de vídeo, mouse, teclado, modem, redes, placa de som etc. ISA, VESA, PCI, PCI EXPRESS, AGP, CNR, VLB e USB podem ser citados como alguns exemplos de Barramento de Entrada e Saída.

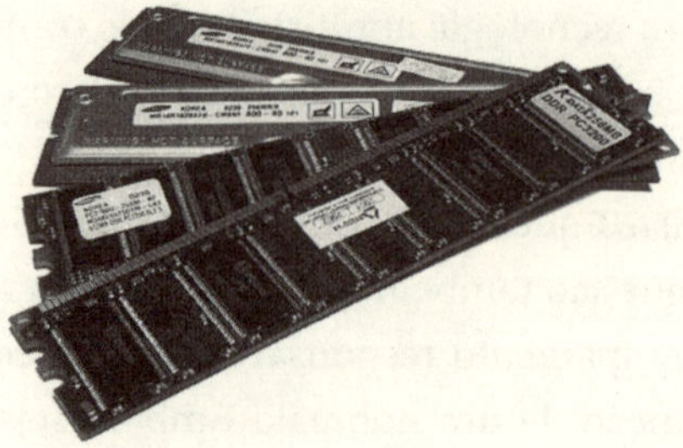

19. (Cespe/Correios/Agente de Correios/Carteiro/2011) O componente apresentado na figura acima, encontrado em qualquer computador moderno, é denominado

a) memória RAM.
b) disco rígido.
c) pendrive.
d) CPU risk.
e) disco CISC.

Comentários

Importante que o candidato procure conhecer equipamentos de informática quando no edital consta o item **Noções de Hardware**, **Elementos Funcionais de Computador** ou item similar. É prática cada vez mais comum a banca apresentar uma imagem e perguntar sobre ela.

Na questão, o componente apresentado é memória de RAM.

20. (Cespe/TRT 10ª Região/Analista Judiciário/2012) O Dropbox é um serviço freemium, ou seja, dá-se ao cliente a opção de usá-lo gratuitamente, mas cobra-se para obter algumas funções extras de armazenamento remoto de arquivos.

Comentários

Dropbox é um serviço para armazenamento de arquivos, baseado no modelo de "computação em nuvem". O serviço conta com poderosos servidores de rede que conseguem armazenar os arquivos de seus clientes ao redor do mundo. Os arquivos armazenados são disponibilizados para serem acessados a partir de qualquer lugar que tenha acesso à internet. O princípio é o de manter arquivos sincronizados entre dois computadores que tenham o Dropbox instalado.

O Dropbox é um serviço freemium, ou seja, o cliente tem a opção de usá-lo gratuitamente, mas pode pagar para obter funcionalidades extras de armazenamento remoto de arquivos. No Dropbox, os usuários podem carregar seus arquivos a partir de qualquer dispositivo que possua o aplicativo Dropbox e conexão com a internet, a partir daí, esses arquivos podem ser acessados de qualquer dispositivo com internet.

Além da sincronização dos arquivos, o Dropbox mantém as versões anteriores, permitindo que o cliente retorne a uma versão mais antiga dos seus dados. Isso é muito útil no uso de planilhas e documentos de texto.

O modelo de negócio freemium funciona muito bem como estratégia de *marketing*, em entrevista o CEO da empresa afirmou que o crescimento rápido tem muito a ver com os usuários que não pagam, esses chamam outros que possivelmente virão a pagar no futuro, em pesquisa realizada constatou-se que 96% dos clientes possuem contas gratuitas.

Texto I

Nova Internet será 10 mil vezes mais rápida que a atual

Depois de trazer ao mundo a world wide web, em 1989, o centro de física CERN, que tem sede em Genebra, agora pretende lançar uma nova Internet, 10 mil vezes mais rápida. A novidade, que já está sendo chamada de the grid (a grade), pode estar disponível aos consumidores dentro de um ou dois anos. O CERN não usou a Internet tradicional no desenvolvimento dessa nova rede, pois a enorme quantidade de dados carregados e transmitidos poderia gerar um colapso na web atual. A nova Internet usa principalmente fibras ópticas, e sua velocidade não será diminuída por componentes desatualizados. Ainda não se sabe se a grid será usada também domesticamente, nem se empresas optarão por construir suas próprias redes, similares a esta.

Internet: <www.terra.com.br> (com adaptações).

Texto II

Internet pode esgotar sua capacidade em dois anos

De acordo com estudos realizados, o uso pessoal e profissional da Internet pode sobrecarregar a atual capacidade e causar uma redução de velocidade nos próximos anos, caso provedores de backbones não invistam em uma nova infraestrutura. Uma enxurrada de novos vídeos e outros tipos de conteúdo na web pode causar uma sobrecarga até 2010. Um grande investimento por parte dos provedores será necessário para suprir as necessidades, de acordo com a pesquisa.

Esse estudo é o primeiro a aplicar a lei de Moore na Internet, e afirma que, apesar de o núcleo de fibra e os recursos de switching/routing serem suficientes para suportar qualquer demanda, as infraestruturas de acesso à Internet, especialmente na América do Norte, deixarão de ser suficientes nos próximos três a cinco anos.

Internet: <www.terra.com.br> (com adaptações).

Texto III

Seu desktop na Internet

Com o surgimento da Internet, o usuário de computador ganhou um fornecimento ilimitado de informações. Nos últimos anos, a rede evoluiu e tornou-se também uma rica fonte de serviços, com a oferta online de ferramentas até então disponíveis apenas no disco rígido do computador. Basta ter um browser para desfrutar essas inúmeras facilidades online, que oferecem mobilidade (podem ser acessadas de qualquer lugar) e permitem economizar tempo e dinheiro.

Daniel dos Santos. In: PCWORLD, mar./2007 (com adaptações).

Texto IV

Hoje, para um número crescente de pessoas, a web é um computador. Agenda, e-mail e aplicativos básicos de escritório, por exemplo, já não residem necessariamente no micro. Podem rodar na grande nuvem computacional da Internet. Aplicativos mais complexos ainda dependem do PC ou de um servidor na rede local. Mas não há dúvidas de que eles também tomarão o caminho da web em um futuro não muito distante.

Info, fev./2008 (com adaptações).

(Cespe/Banco do Brasil/Escriturário/2008) Os textos de I a IV apresentados relatam mudanças que vêm ocorrendo na rede mundial de computadores, a Internet, e anunciam outras que estão por vir nos próximos anos. A partir desses textos, julgue os itens 21 e 22.

21. Considerando que a tabela a seguir apresenta parte da configuração de um computador, é correto afirmar que os itens listados e suas especificações são adequados para que um usuário possa desfrutar os serviços e recursos aludidos nos textos III e IV atualmente disponibilizados na Internet.

tipo de computador	laptop – notebook
processador	Intel Core 2 Duo T8300 – 2,4 GHz 800 MHz
memória cache externa	3 MB
RAM	4 GB DDR2
HD	500 GB – SATA RAID
placa de vídeo	nVidia GeForce Go 8600 GT GPU
memória de vídeo dedicada	512 MB
memória de vídeo máxima	1.023 MB
webcam	integrada
bluetooth	integrado
modem	fax 56 kbps
placa de rede	Ethernet 10/100/ 1000 Mbps
placa wireless	WiFi 802.11 a/b/g/n, bluetooth 2.0
conectores USB 2.0	3
conector FireWire IEEE1394	1

Comentários

O laptop apresentado possui diversos recursos que garantem mobilidade com conectividade, como placa wireless, Bluetooth e ainda outras possibilidades de conexões como placa de rede e conectores USB, que poderão ser utilizados para conectar o computador a um modem.

22. Sabendo que um usuário acessa a internet para desfrutar os recursos aludidos nos textos III e IV a partir de um computador que tem instalado, como sistema operacional, o Red Hat, é correto concluir que esse computador utiliza uma versão Linux de sistema operacional.

Comentários

O Linux possui cerca de trezentas distribuições (ou distrôs) diferentes. Distribuição é um sistema operacional que inclui o kernel Linux e outros softwares de aplicação, formando um conjunto. Distribuições podem ser mantidas por organizações comerciais, como a Red Hat, Ubuntu, SUSE e Mandriva, bem como projetos comunitários como Debian e Gentoo que montam e testam seus conjuntos de software antes de disponibilizá-los ao público.

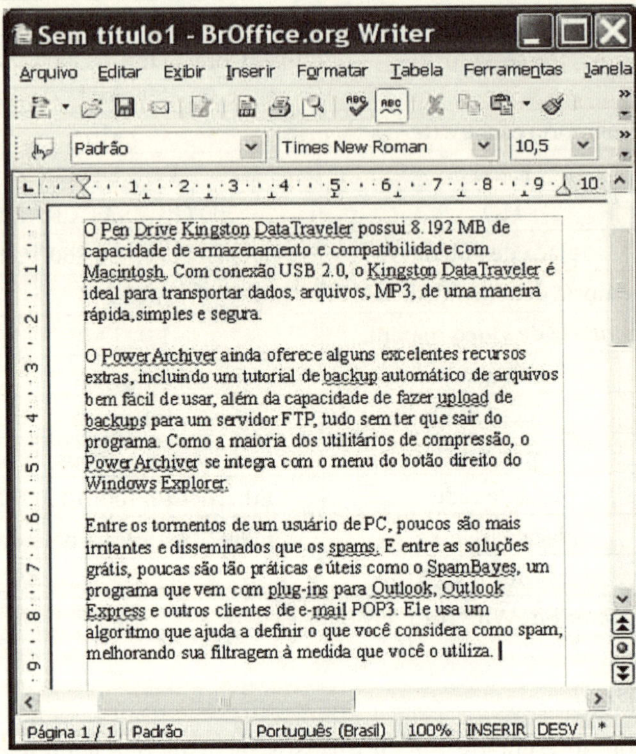

23. No texto do documento mostrado, descreve-se um tipo de memória externa muito usada atualmente. No entanto, os valores mencionados estão incompatíveis com os dispositivos encontrados no mercado, já que uma conexão USB 2.0 não suporta mídias com capacidade superior a 4 MB.

Comentários

O padrão USB 2.0 foi lançado em abril de 2000 com a velocidade de 480 Mbps, o equivalente a cerca de 60 MB por segundo. Para responder à questão, basta lembrar que há no mercado produtos como pendrives com capacidade de 1 GB, 2 GB, 16 GB, etc.

24. **(Cespe/Ministério da Saúde/Agente Administrativo/2008)** Suponha que João seja funcionário do MS e deva especificar o tipo de computador a ser utilizado na edição de textos e planilhas. Nessa situação, João deve optar por um equipamento do tipo desktop, que apresenta recursos e capacidade de processamento muito maiores que os apresentados pelo equipamento do tipo notebook.

Comentários

Há muitos computadores de mesa que possuem capacidade de processamento inferior a notebooks, assim como o contrário também é verdadeiro. Tudo depende da configuração de cada máquina!

25. **(Cespe/Ministério da Saúde/Agente Administrativo/2008)** Softwares básicos são softwares gratuitos ou livres que desempenham funções básicas como edição de textos e de planilhas eletrônicas.

Comentários

Softwares básicos são programas necessários para que o computador funcione e permitam ao usuário algum nível de controle sobre a máquina. Envolvem desde o software responsável pela inicialização do computador até a "entrega" do controle ao Sistema Operacional. Esta categoraia inclui o *Firmware* (BIOS), os *drivers* de dispositivos e os diferentes sistemas operacionais.

26. **(Cespe/Ministério da Saúde /Agente Administrativo/2008)** Para se visualizar o arquivo de uma foto digital, é necessário utilizar o software USB.

Comentários

Além de as Câmeras Digitais possuírem Display de Cristal Líquido, que permite a visualização imediata, as fotos podem ser salvas em mídias como cartões de memória ou CDs que podem ser acessados sem a necessidade de conexões USB.

27. **(Cespe/TSE/Técnico Judiciário/2007)** Com relação aos sistemas de numeração e aritmética de complementos, o número binário 0010111 é igual ao número decimal 25.

Comentários

O número binário apresentado é igual a 23. Para calcular, considere a tabela abaixo, somando os valores das posições em que aparece o número 1.

64	32	16	8	4	2	1
0	**0**	**1**	**0**	**1**	**1**	**1**

28. **(Cespe/MCTI/Analista em C&T/2008)** Uma rede wireless, apesar de resolver o problema de conexão local, não permite conexão à internet.

Comentários

O mercado dispõe de diversas modalidades de conexões à internet por meio de redes sem fio (wireless). Wi-Fi, Bluetooth, *Ad hoc*,3G e 4G são algumas delas. As redes locais sem fio são denominadas rede WLAN - Wireless Local Area Network e fazem uso de ondas de rádio para fazer uma conexão à internet ou entre uma rede.

29. **(Cespe/Serpro/Analista Comunicação Social/2008)** Os notebooks atuais possuem funcionalidade de mouse sem fio, bastando que o usuário aproxime o mouse do equipamento para o reconhecimento automático, sem necessidade de outros dispositivos.

Comentários

Em geral, mouses sem fio valem-se da tecnologia de radiofrequência (RF), a qual necessita de um transmissor (no mouse) e um receptor (ligado ao computador).

CAPÍTULO 2

Sistemas Operacionais Windows e Linux

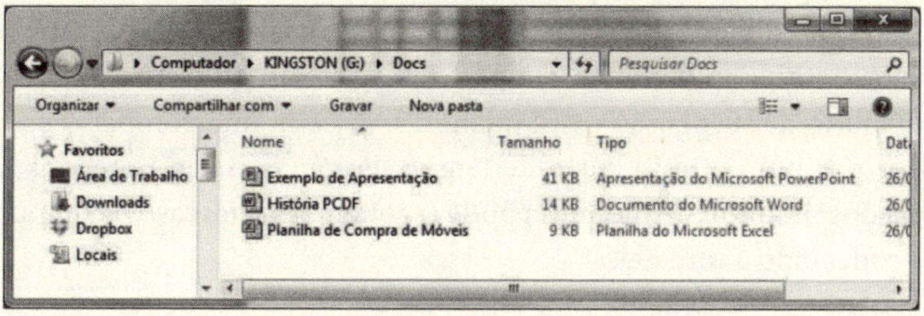

A figura acima, que ilustra uma janela do Windows 7, mostra o conteúdo da pasta denominada Docs. Com referência à situação mostrada nessa figura, ao Windows 7 e a conceitos de informática, julgue o item abaixo.

1. **(Cespe/PCDF/Agente de Polícia/2013)** Para se verificar, por meio de um programa antivírus instalado no computador, se os três arquivos da pasta Docs contêm algum tipo de vírus ou ameaça digital, é suficiente clicar o botão , localizado próximo ao canto superior direito da janela.

Comentários

Uma forma eficiente de verificar se um arquivo possui vírus é selecionar o arquivo e clicar com o botão direito do mouse nele.

No menu de contexto apresentado, caso haja um antivírus instalado, surgirá uma opção para verificar o arquivo. Já o botão  é associado à Caixa de Pesquisa, utilizada para fazer a busca por arquivos gravados no computador e não por vírus.

Além de ser disponibilizado nas pastas visualizadas na janela do Windows Explorer, esse recurso encontra-se disponível também no Menu Iniciar, acionado pelo botão Iniciar.

2. **(Cespe/PCDF/Escrivão de Polícia/2013)** No Windows 8, o modo de suspensão, por meio do qual é possível manter o computador em estado de baixo consumo

de energia, possibilita o retorno rápido ao ponto do trabalho, sem apresentar risco de perda de dados.

Comentários

Clicar na opção Suspender no menu Desligar do Windows 8 faz com que o computador entre no modo de suspensão. Fechar a tampa do notebook também pode colocá-lo no modo de suspensão.

O modo de suspensão salva o estado de todos os programas abertos na memória e desliga tanto a tela quanto a unidade de disco rígido. Somente a energia necessária para manter os dados na memória é utilizada. Sair do modo de suspensão acontece rapidamente, em poucos segundos, na maioria dos casos.

O modo de suspensão é útil quando se precisa interromper o uso do computador por um período curto de tempo. Porém, em um notebook, manter a energia dos módulos de memória pode esgotar a bateria, caso o computador não esteja conectado à tomada.

Com relação ao sistema operacional Windows, à edição de texto e à navegação na Internet, julgue o item seguinte.

3. **(Cespe/PCDF/Escrivão de Polícia/2013)** O modo de navegação anônimo, disponibilizado no navegador Google Chrome, possibilita que o usuário navegue na Internet sem que as páginas por ele visitadas sejam gravadas no histórico de navegação.

Comentários

No Google Chrome, enquanto estiver usando o modo de navegação anônima (sem registros), as páginas web que abrir e os arquivos que transferir não são incluídos nos históricos de navegação e transferências.

4. **(Funiversa/PMDF/Soldado/2013)** O aplicativo Windows Explorer permite, entre outras coisas, localizar e executar programas instalados no computador. Assinale a alternativa que apresenta o local (caminho) por meio do qual pode ser encontrado o aplicativo Windows Explorer no Windows XP em português.

a) Iniciar / Painel de controle / Aplicativos.
b) Meu computador / Disco local (C:) / Aplicativos.
c) Iniciar / Todos os programas / Acessórios.
d) Meu computador / Arquivos de programas.
e) Iniciar / Executar / Aplicativos.

Comentários

Há diversas formas de se executar o Windows Explorer. Por exemplo, teclando Win+E ou abrindo o comando Executar, digitar Explorer e teclar Enter. Mas, a forma mais tradicional é aquela que se refere ao local no qual o Windows Explorer é disponibilizado no menu Iniciar, dentro do grupo Acessórios. Nesse menu ficam também outros tradicionais aplicativos que fazem parte da instalação-padrão do Windows.

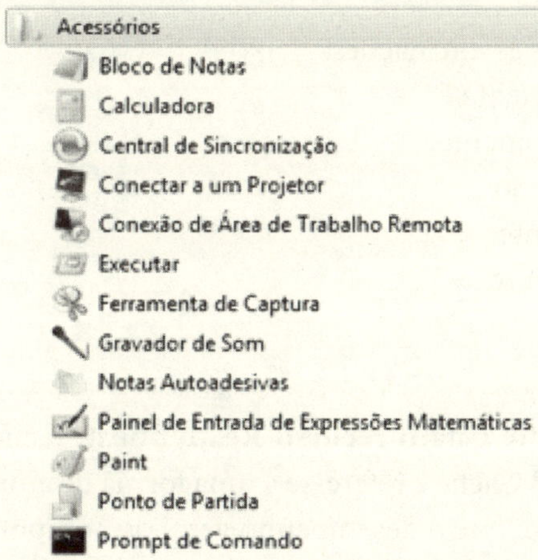

5. **(Cespe/PCBA/Delegado de Polícia/2013)** Distintamente do que ocorre na plataforma Linux, em que há maior flexibilidade para a realização de controle do firewall, o uso de firewall pessoal nativo na plataforma Windows possibilita o bloqueio de entrada de pacotes oriundos da Internet, mas não a saída de pacotes de dados de origem interna direcionados à internet.

Comentários

Por padrão, o Firewall do Windows permite todo o tráfego de rede de saída. Mas, é possível restringi-lo por meio de configurações. Pode-se alterar este padrão para Firewall do Windows com Segurança Avançada para que bloqueie todo o tráfego de saída que não corresponde a uma regra de permissão estabelecida.

6. **(Instituto Cidades/Ministério da Cultura/Técnico de Nível Superior/2013)** Sobre o sistema operacional Windows 7, analise:

I – Para ajudar quando a memória do PC for insuficiente pode ser utilizado o recurso ReadyBoost.

II – O sistema operacional não dá suporte à utilização de telas sensíveis ao toque, isto é, suporte a operar o sistema usando apenas os seus dedos.

III – O recurso "Reproduzir em" facilita a reprodução das suas músicas e vídeos em outros PCs, TVs ou aparelhos de som pela casa.

IV – As versões Starter, Home Basic e Home Premium do sistema operacional incluem software de 32 e 64 bits.

São verdadeiras as afirmações:

a) I, II e IV, somente.
b) II, III e IV, somente.
c) II e III, somente.
d) I e III, somente.
e) II e IV, somente.

Comentários

Item **I**: certo. Cita **o recurso ReadyBoost**, tecnologia também conhecida como Extended Cache e refere-se a uma forma de ampliar os recursos de memória, fazendo com que o desempenho geral do computador melhore.

ReadyBoost pode ser tida como uma tecnologia de cache de disco incluída nos sistemas operacionais Windows Vista, Windows 7 e Windows 8. Essa tecnologia faz com que computadores que estejam rodando o sistema utilizem a memória flash de dispositivos como pendrives, cartões de memória (Secure Digital Card, Compact Flash etc.), entre outros, de forma a ampliar a memória e melhorar o desempenho.

Segundo a Microsoft, parte do ganho também se dá graças aos algoritmos avançados de gravação nas mídias removíveis, pois estas têm as informações comprimidas a uma taxa de 1.8x a 2.3x. Quando o usuário remover o dispositivo, apenas o cache é perdido. Não há perda de dados importantes, nem prejuízo ou risco ao sistema, fator importante, já que se trata de um dispositivo móvel.

Item **II**: errado. Diz que **o sistema operacional não dá suporte à utilização de telas sensíveis ao toque**. A Microsoft disponibilizou recurso de toque limitado no Windows por anos, mas o Windows 7 é o primeiro a adotar a tecnologia multitoque, que permite ao usuário utilizar dois dedos na tela de um PC compatível com multitoque e para ampliar uma janela, ou afastar objetos uns dos outros. Para clicar com o botão direito do mouse em um arquivo, toque-o com um dedo e toque a tela por um segundo. Esse recurso, no entanto, só se encontra disponível nas edições Home Premium, Professional e Ultimate do Windows 7 .

Item **III**: certo. O recurso **Reproduzir em** facilita a reprodução das suas músicas e vídeos em outros PCs, TVs ou aparelhos de som pela casa. Trata-se de um recurso bem interessante, mas que só é aplicável quando o PC está conectado a algum outro dispositivo capaz de exibir áudio ou vídeo.

Item **IV**: errado. As versões Starter, Home Basic e Home Premium do sistema operacional incluem software de 32 e 64 bits. O Windows Starter não possui versão 64 bits.

7. **(Cespe/PCBA/Delegado de Polícia/2013)** Os sistemas Windows e Linux se assemelham na possibilidade de uso de interface de linha de comandos: o comando **dir**, no Windows, pode produzir listagem de arquivos em pasta ou diretório, assim como o comando ls, no Linux.

Comentários

Usando o Prompt de Comandos do Windows é possível acessar uma janela onde se pode usar os comandos do antigo MS-DOS. Dentre eles, talvez o mais popular seja o comando DIR, que serve para listar arquivos e diretórios (pastas) existentes em determinada unidade.

Algumas distribuições Linux também possuem o comando **dir**, mas não é um comando-padrão para todas as versões Linux. Já o comando ls é o equivalente ao **dir** e pode ser usado em qualquer distribuição Linux.

O sistema operacional Linux é Case Sensitive, diferenciando caracteres maiúsculos e minúsculos. Todos os comandos Linux devem ser digitados em letras minúsculas.

8. **(FCC/DPE-SP/Agente de Defensoria – Contador/2013)** O Windows 7 permite que o administrador crie e gerencie várias contas para que diferentes pessoas usem o mesmo computador. Mais importante ainda é que você pode bloquear pastas e impedir o acesso e a modificação do conteúdo de diretórios importantes. Para controlar as permissões de acesso para uma pasta no Windows 7, os seguintes passos devem ser seguidos:

   1. Clique com o botão direito do mouse sobre a pasta e, na caixa de diálogo que surge, clique em "Propriedades".
   2. Na nova caixa de diálogo que se abre, clique na aba "Segurança" e depois no botão "Editar".
   3. Na nova caixa de diálogo que se abre selecione a conta a qual você quer gerenciar. Então, em "Permissões para", observe o que você pode permitir ou negar para cada conta no computador: ....
   4. Basta você marcar a caixa de permitir ou negar ao lado da respectiva permissão.

Assinale a alternativa que completa a lacuna sobre as permissões oferecidas pelo Windows:

a) modificar, ler e executar, listar conteúdo da pasta, ler e gravar.

b) controle total, modificar, ler e executar, listar conteúdo da pasta, leitura, gravar e permissões especiais.

c) modificar, executar, ler, gravar e permissões especiais.

d) controle total, modificar, leitura, gravar e executar.

e) listar conteúdo da pasta, renomear, ler e gravar.

Comentários

Desde o Windows Vista, os usuários passaram a ter mais problemas com permissões ao lidar com arquivos e pastas. Em muitos casos, qualquer mudança mínima exige a permissão do administrador da máquina, mesmo quando os arquivos utilizados são de nossa propriedade.

Tornar-se dono é uma das melhores maneiras de resolver o problema. Assim, o usuário terá total liberdade de utilização.

Para tornar-se dono de um arquivo ou pasta, é necessário que se use uma conta com poderes de administrador na hora de configurar os dados pela primeira vez. O primeiro passo é clicar com o botão direito do mouse sobre o arquivo e selecionar a opção "Propriedades"; depois, basta seguir os passos descritos na questão.

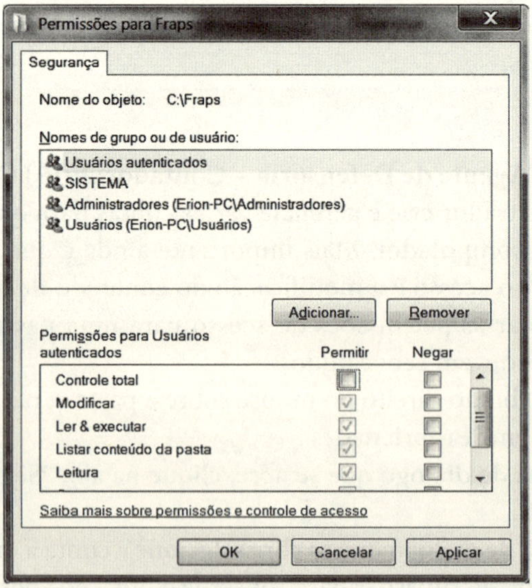

Figura 1. Propriedades de Segurança da pasta, no ambiente Windows 7.

9. **(Cespe/Ibama/Analista Ambiental/2013)** Na versão de instalação-padrão do aplicativo Calculadora, que é disponibilizado quando se instala o Windows 7, há opção que permite o acesso a campos específicos nos quais o usuário poderá inserir datas do ano e calcular a diferença em dias entre duas datas.

Comentários

Para efetuar cálculos entre datas na Calculadora do Windows 7, basta pressionar Ctrl+E ou acionar o menu Exibir/Cálculo de datas.

No Windows 7, além das formas convencionais das versões anteriores, a Calculadora ainda dispõe de conversores de medidas, funções de programação (modo Programador) e estatísticas.

10. **(Cespe/Ibama/Analista Ambiental/2013)** No Windows Explorer, para se agrupar documentos de uma forma organizada, com os arquivos em ordem alfabética, deve-se criar uma pasta cujo nome se inicie com um asterisco e, em seguida, colar todos os arquivos dentro dessa nova pasta.

Comentários

Classificar os arquivos (documentos) de uma pasta em ordem alfabética no Windows Explorer é tarefa extremamente simples. Basta exibir os arquivos no modo Detalhes e clicar sobre o cabeçalho Nome, para colocá-los em ordem crescente ou decrescente.

Já o menu "Organizar por" permite que os arquivos sejam organizados por Nome, que também faz com que os arquivos sejam exibidos em ordem alfabética.

Outra informação importante é quanto ao uso do caractere asterisco, indicado na questão. Pastas e arquivos no ambiente Windows não permitem o uso dos caracteres **/ | \ : * " ?**, visto que esses caracteres são reservados para funções específicas no sistema.

(Cespe/Banco do Brasil/Escriturário/2007)

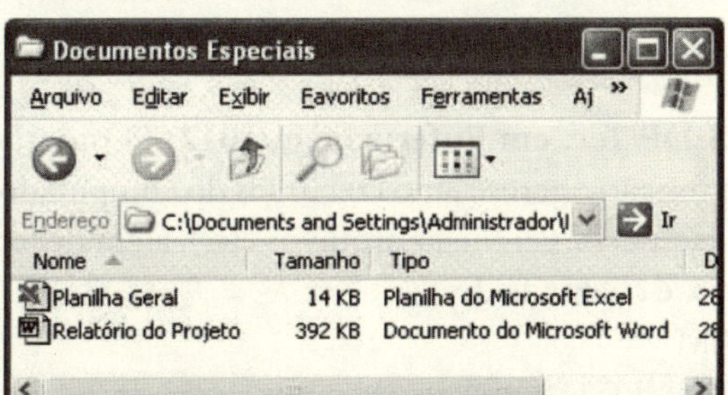

Considerando a figura anterior, que ilustra uma janela do Windows XP, julgue os itens subsequentes.

11. É possível abrir o arquivo de nome Relatório do Projeto por meio da seguinte sequência de ações: clicar sobre Relatório do Projeto; clicar o menu Arquivo; na lista de opções disponibilizada, clicar Abrir.

Comentários

Além da forma corretamente mencionada no item, há outras maneiras de se abrir o arquivo. Por exemplo: clicar com o botão direito do mouse sobre o arquivo, em seguida clicar na opção Abrir; clicar duas vezes sobre o ícone ou, ainda, selecionar o arquivo e em seguida teclar ENTER.

12. Um disquete de 3½" vazio tem capacidade de memória suficiente para armazenar os arquivos denominados Planilha Geral e Relatório do Projeto.

Comentários

O item cita um tipo de memória pouco utilizada nos dias atuais. Um disquete de 3½" tem a capacidade de armazenar até 1,44 MB. A soma dos tamanhos dos arquivos apresentados na figura é de apenas 406 KB (14 KB + 392 KB), ou seja, apenas 28% da capacidade de um disquete.

13. Ao se clicar o botão , todas as janelas abertas serão minimizadas, fazendo com que todo o Desktop seja exibida.

Comentários

A figura do item apresenta um dos botões mais populares do ambiente Windows, o botão maximizar. Por padrão, ele é posicionado no canto superior direito da janela, juntamente com os botões minimizar e fechar.

14. **(Funiversa/SES-DF/Téc. em Enfermagem/2012)** O programa ou conjunto de programas cuja função é gerenciar os recursos do computador (executar programas, gerenciar memória, gerenciar arquivos etc.), além de fornecer uma interface com o usuário, é chamada de

a) memória RAM.

b) software de correio eletrônico.

c) editor de texto.
d) sistema operacional.
e) navegador Web.

Comentários

Sempre que falamos de sistemas operacionais, devemos lembrar que se trata de softwares básicos que têm como principal função o gerenciamento dos recursos de hardware e software, interface para o usuário e gerenciamento de arquivos.

A memória RAM é um recurso de hardware que tem a função de armazenar os dados que estão sendo processados.

Software de correio eletrônico, também conhecido como Gerenciador de E-mails ou Cliente de E-mails são programas que têm a função de enviar, receber e armazenar mensagens de e-mail como Outlook, Eudora, Mozilla Thunderbird ou Pegasus.

Editores de texto são programas bem conhecidos do público, em geral, assim como os navegadores de internet, também conhecidos como Cliente Web ou Browser.

15. **(Esaf/ Ministério da Fazenda/Assistente Técnico Administrativo/2012)** O sistema operacional Windows 7 da Microsoft está disponível em 5 versões. A mais simples delas é a
a) Home Premium.
b) Home Basic.
c) Starter.
d) Beginner.
e) Home zero.

Comentários

O ideal seria o enunciado citar **edições** ao invés de **versões**. O uso do termo incorreto confunde um pouco o candidato. Mas, nada tão grave assim! Embora o gigantesco percentual de cópias piratas, o Windows é um software pago e o preço pode variar de acordo com a edição adquirida.

Acontece que o Windows 7 é disponibilizado em cinco edições que vão disponibilizar mais ou menos recursos, devendo o usuário levar em conta de que recursos ele realmente necessita. A versão Windows 7 possui cinco edições diferentes: Starter Edition, Home Basic Edition, Home Premium Edition, Professional Edition e Ultimate Edition.

A Starter Edition é considerada a mais simples e só pode ser executada em computadores equipados com processadores de 32 bits.

16. (Cesgranrio/EPE/Assistente Administrativo Júnior/2007) No Windows XP, que recurso do Painel de Controle é utilizado para atender às necessidades e preferências do usuário portador de deficiência, tais como ajuste do teclado (teclas de aderência), mouse e monitor?

a) Opções regionais e de idiomas.
b) Contas de usuário.
c) Opções de acessibilidade.
d) Ferramentas administrativas.
e) Central de segurança.

Comentários

É muito comum confundir **opções de acessibilidade** com **acesso à rede** ou internet. No entanto, trata-se de coisas completamente distintas. Tanto que a Microsoft apresenta as **opções de acessibilidade**, no Painel de Controle, com o ícone típico para portadores de necessidades especiais.

Ícone de Opções de Acessibilidade no Painel de Controle do Windows XP.

17. (Cespe/MDS/Agente Administrativo/2009) O desktop, ou área de transferência do Windows, é um ambiente de trabalho em que ficam armazenados temporariamente os arquivos ou parte de documentos que foram excluídos ou que foram copiados e aguardam ser colados em outro destino.

Comentários

O Desktop, ou Área de trabalho, é a principal área exibida na tela quando se liga o computador e faz logon no Windows. Ela serve de superfície para o seu trabalho, como se fosse o tampo de uma mesa real. Quando se abre programas ou pastas, eles são exibidos na área de trabalho. Nela, também é possível colocar itens, como arquivos e pastas, e organizá-los como quiser.

A Área de Transferência (ou Clipboard) é uma área de armazenamento temporário usada pelo Windows. Informações (como texto, arquivos, elementos gráficos, som ou vídeo) podem ser copiadas para a Área de Transferência de um programa ou local e coladas em outro lugar. Praticamente, se tirássemos o termo "O desktop", no início do item, estaria correto.

Como já ressaltado, essa prática de inserir uma palavra que torne o item errado em meio a afirmações certas é comum por parte do Cespe.

---

18. (Cespe/Caixa/Escriturário/2010) Com relação ao sistema operacional Windows, assinale a opção correta.

a) A desinstalação de um aplicativo no Windows deve ser feita a partir de opção equivalente do Painel de Controle, de modo a garantir a correta remoção dos arquivos relacionados ao aplicativo, sem prejuízo ao sistema operacional.

b) O acionamento simultâneo das teclas Ctrl, Alt e Delete constitui ferramenta poderosa de acesso direto aos diretórios de programas instalados na máquina em uso.

c) O Windows oferece acesso facilitado a usuários de um computador, pois bastam o nome do usuário e a senha da máquina para se ter acesso às contas dos demais usuários possivelmente cadastrados nessa máquina.

d) O Windows oferece um conjunto de acessórios disponíveis por meio da instalação do pacote Office, entre eles, calculadora, bloco de notas, WordPad e Paint.

e) O comando Fazer Logoff, disponível a partir do botão Iniciar do Windows, oferece a opção de se encerrar o Windows, dar saída no usuário correntemente em uso na máquina e, em seguida, desligar o computador.

Comentários

Alternativa **a**: a desinstalação de aplicativos no Windows deve ser realizada por meio da opção "Adicionar ou Remover Programas", dentro do Painel de Controle. Não é indicado o usuário simplesmente remover a pasta na qual estão contidos os arquivos do aplicativo que deseja remover, pois essa ação poderia acarretar uma série de falhas no funcionamento do sistema.

Alternativa **b**: o uso das teclas Ctrl, Alt e Del, pressionadas simultaneamente, faz com que o Gerenciador de Tarefas seja executado.

Alternativa **c**: o Windows possui dois tipos básicos de contas de usuário: Limitada e Ilimitada (ou conta de Administrador). Se um usuário não possui um perfil de administrador, não terá privilégio para acessar as contas de outros usuários.

Alternativa **d**: calculadora, bloco de notas, WordPad e Paint integram o grupo de acessórios do Windows e já são inclusos na instalação padrão do sistema operacional. Já o Microsoft Office inclui outros programas, como Word, Excel e PowerPoint e precisam ser adquiridos à parte.

Alternativa **e**: o comando Fazer Logoff não significa desligar o computador, mas, apenas, encerrar a seção de determinado usuário, podendo acessar outra conta (ou até a mesma) para efetuar a entrada no sistema (Logon).

19. **(Cespe/MDS/Agente Administrativo/2009)** O menu principal de acesso no Windows, ativado pelo botão Iniciar, pode oferecer um conjunto de ícones que permitem acesso direto a pastas específicas do usuário como Documentos recentes, Meus locais de rede, Meus documentos e Meu computador.

Comentários

Iniciar é o principal botão presente na Barra de Tarefas e o meio de acessar os programas instalados no Sistema Operacional Windows. Quando se ativa este botão, as opções do Menu Iniciar ficam disponíveis, e por meio delas, pode-se executar qualquer aplicação no PC.

Na verdade, praticamente tudo que se queira fazer no computador pode ser feito a partir do Menu Iniciar. O botão Iniciar (e, consequentemente, o Menu Iniciar) pode ser acessado a partir de qualquer tela no Windows. Para isso, basta pressionar as teclas Ctrl e Esc ou a tecla Win (também conhecida como Winkey), simultaneamente. Uma vez estando nele, pode-se selecionar uma de suas opções pressionando as teclas de direção para direita, para cima ou para baixo. Quando um item tiver um submenu, pode-se entrar nesse submenu pressionando Enter ou voltar ao menu anterior, pressionando ESC. Para executar uma opção do Menu Iniciar, basta pressionar a tecla Enter após selecionar a opção desejada.

As pastas do sistema Meu Computador, Meus Documentos, Meus Locais de Rede e Documentos Recentes do Windows XP, por padrão, são disponibilizadas à direita no menu Iniciar. Mas, se o Windows XP estiver configurado para exibir o menu Iniciar em sua forma clássica (Iniciar Configurações→Barra de Tarefas e Menu Iniciar) estas pastas não serão exibidas.

20. **(Cespe/Adagri-CE/Fiscal/2009)** O Windows Explorer é uma ferramenta que permite o acesso aos diretórios e arquivos armazenados localmente em um computador. Dessa forma, por meio desse aplicativo não é possível o acesso de arquivos gravados em outras estações ou servidores, tampouco o acesso à internet.

Comentários

O Windows Explorer é conhecido por ser o Gerenciador de Arquivos do sistema operacional Windows.

Nas versões anteriores, o gerenciamento de arquivos significava organizá-los em pastas e subpastas diferentes. No Windows 7, o usuário pode usar também bibliotecas para organizar e acessar arquivos, independentemente de onde eles estejam armazenados.

Além da criação de arquivos e pastas, o Windows Explorer permite uma série de outras ações como: acessar o painel de controle e configurar diversos aspectos do sistema operacional, instalar e remover programas e, ainda, transferir arquivos pela rede local ou internet, usando protocolo FTP.

21. **(Cespe/Anatel/Técnico Administrativo/2009)** O Windows XP, pertencente à família de sistemas operacionais produzidos pela Microsoft, é reconhecido pela sua estabilidade e eficiência. Características como a alternância entre contas de usuários, o suporte para redes wireless e sequências rápidas de iniciação popularizaram e difundiram o uso desse compilador, apesar de a interface gráfica das versões anteriores, por seu aperfeiçoamento e simplicidade, ter sido mantida.

Comentários

O Microsoft Windows XP é uma família de sistemas operacionais de 32-bits e 64-bits produzido pela Microsoft, para uso em computadores pessoais, incluindo computadores residenciais e de escritórios, notebooks, e media centers.

O nome "XP" vem de eXPerience, experiência em inglês. O Windows XP é o sucessor de ambos os Windows 2000 e Windows Me, e é o primeiro sistema operacional para consumidores produzido pela Microsoft construído em novos kernel Windows NT (5.1) e arquitetura.

O Windows XP foi lançado em outubro de 2001, e mais de 400 milhões de cópias estavam em uso em janeiro de 2006, de acordo com estimativas feitas naquele mês pela empresa de estatísticas IDC. Foi sucedido pelo Windows Vista lançado para pré-fabricantes em novembro de 2007 e para o público em geral em janeiro de 2008.

As vendas do Windows XP cessaram em junho de 2008, porém foi possível adquirir novas licenças com os desenvolvedores do sistema até janeiro de 2009 ou comprando e instalando as edições Ultimate ou Business do Windows Vista e, então, realizando o downgrade para o Windows XP. Além disso, a Microsoft dará suporte ao Windows XP até 2014. De fato, tornou-se conhecido pela sua estabilidade e eficiência que melhoraram ao longo das versões 9x do Microsoft Windows. Ele apresenta uma interface gráfica redesenhada significativamente, uma mudança que o tornou mais amigável do que versões anteriores do Windows. É também a primeira versão do Windows a usar um programa de ativação na luta contra a pirataria de software, uma restrição que não foi muito bem aceita por muitos usuários que defendiam a privacidade.

O Windows XP também foi criticado por alguns usuários devido a suas vulnerabilidades de segurança, sua pouca integração entre aplicativos, como o Internet Explorer 6 e Windows Media Player, e para aspectos de seu padrão de interface do usuário. A última versão do Service Pack 2, e o Internet Explorer 7 resolveram alguns desses problemas. Entre os diversos recursos do Windows XP que chamaram a atenção em comparação às versões anteriores, podem-se destacar:

- sequências rápidas de iniciação e hibernação;
- a capacidade do sistema operacional desconectar um dispositivo externo sem a necessidade de reiniciar o computador;
- uma nova interface de uso mais fácil, incluindo ferramentas para desenvolver temas de escritórios;
- uma habilidade de alternância de contas de usuários, na qual quem está logado pode alternar em outra conta sem fechar os arquivos abertos;
- o Clear Type é um mecanismo para dar realce e sombras a um texto, é especificamente adotado para monitores de LCD;
- a funcionalidade da Assistência Remota, com a permissão de usuários conectaremse ao seu XP pela rede de internet e acessar seus arquivos e imprimi-los, executar aplicações e outros;
- suporte para rede DSL e Wireless.

Nesta breve apresentação do Windows XP, podem-se notar diversos aspectos que concordam com a afirmação da questão. No entanto, não podemos afirmar que a interface gráfica das versões anteriores foi mantida. E outro ponto de destaque é que no trecho "difundiram o uso desse compilador", o termo **compilador** surge como sinônimo de **sistema operacional**. Na verdade, um compilador é um programa (ou um grupo de programas) que, a partir de um código escrito em uma linguagem de programação, cria um programa semanticamente equivalente, porém escrito em outra linguagem. Podemos afirmar que o compilador traduz o código-fonte, gerando um código objeto.

Normalmente, o código-fonte é escrito em linguagem de programação de alto nível, com grande capacidade de abstração, e o código objeto é escrito em linguagem de baixo nível, como uma sequência de instruções a ser executada pelo processador. Portanto, Windows é Sistema Operacional e não um compilador.

22. **(NCE-UFRJ/MPE-RJ/Analista Processual/2007)** Ao surgir a dúvida de que um programa não desejado está executando em um computador, pode-se lançar mão de um programa utilitário para ver a lista de todos os processos que estão sendo executados. Esse programa utilitário padrão que acompanha o Windows XP é o:

a) Windows Explorer (explorer.exe).
b) Gerenciador de usuários (user.exe).
c) Programas em Memória (pmem.exe).
d) Remote Desktop Connection (mstsc.exe).
e) Gerenciador de Tarefas (taskmgr.exe).

Comentários

Os comandos apresentados entre parênteses nesta questão referem-se a arquivos executáveis. Para testá-los, pode-se executar o atalho Win + R, que aciona o comando EXECUTAR do Windows; em seguida, digitar o nome do comando que é apresentado entre parênteses e teclar ENTER.

Alternativa **a**: o Windows Explorer é um programa gerenciador que permite organizar arquivos e pastas.

Alternativa **b**: o aplicativo Gerenciador de usuários não existe. O NCE, assim como outras bancas (Fundação Universa, AOCP e FCC), às vezes, cita itens inexistentes para confundir o candidato.

Alternativa **c**: é exatamente o mesmo caso do item anterior.

Alternativa **d**: para complicar a vida do candidato, a banca citou o nome do aplicativo em inglês: *Remote Desktop Connection*, que é o mesmo que Conexão Área de Trabalho Remota, um dos acessórios do Windows que permite conectar um computador a distância e acessar todos os seus recursos como se o estivesse operando localmente.

Alternativa **e**: Gerenciador de Tarefas mostra os programas e processos que estão sendo executados, além de permitir o monitoramento de desempenho do computador.

23. **(Consulplan/Pref.S.J. de Ubá-RJ/Agente Administrativo/2010)** Na organização de arquivos com o Windows Explorer (Windows XP – configuração-padrão), a combinação das teclas Ctrl + A tem a seguinte função:

a) abrir uma pasta ou arquivo selecionado.
b) selecionar todos arquivos e pastas do diretório atual.
c) acessar menu Arquivo.
d) acessar menu Ajuda.
e) acessar propriedades do arquivo.

Comentários

Teclas de atalho mudam conforme o software utilizado. Para cada um, pode haver uma configuração específica.

É preciso muita atenção para não se confundir quanto ao uso dessas. Por exemplo, para acessar o menu Arquivo, conforme demonstra a alternativa **c**, o comando seria Alt+A, mas, para selecionar todos os arquivos e pastas, a tecla de atalho é Ctrl+A.

24. (AOCP/Assembleia Legislativa de Salvador-BA/Analista Legislativo/2011) Sobre arquivos de computadores digitais convencionais, analise as assertivas e assinale a alternativa que aponta a(s) correta(s).

I – Arquivo é o nome genérico dado a um conjunto de dados referenciados por um único nome.

II – O texto de uma carta digitado em um editor de texto e gravado em um disquete é um arquivo.

III – Um arquivo deve possuir no mínimo um kilobyte para ser considerado um arquivo.

IV – Um arquivo tem um limite máximo de tamanho em todos os sistemas operacionais.

a) Apenas I.
b) Apenas I e II.
c) Apenas II, III e IV.
d) I, II, III e IV.
e) Apenas III e IV.

Comentários

Arquivo é um conjunto de dados agrupados entre si, gravados no computador com um único nome. Pode ser um texto, uma imagem, vídeo, áudio ou um programa, por exemplo. Todo arquivo deve possuir um nome e uma extensão. O nome pode conter até 255 caracteres, exceto **? * : > < / \ " |**. Já a extensão é um conjunto, normalmente entre dois e quatro caracteres, apresentado após o nome do arquivo e utilizado para identificar o seu tipo.

Por exemplo:
TXT – Documento de Texto simples; texto ASCII.
DOC e DOCX – Documento do Word.
XLS e XLSX – Documento do Excel.
EXE – Arquivo executável.
JPG – Arquivo de imagem, fotografia.

Quanto ao tamanho, o mínimo suportado no Windows para ser armazenado como arquivo é um 1 byte e não 1 Kilobyte, medida que representa 1.024 bytes.

O limite máximo não é definido pelo sistema operacional em si, mas pelo tipo de sistema de arquivos utilizado.

25. **(Cespe/MCTI/Assistente Técnico Administrativo/2012)** O sistema operacional Windows 7 possui, como padrão, o antivírus BitDefender, que é disponível em sua instalação mínima e permanece oculto no desktop do computador.

Comentários

Embora possua alguns itens de segurança como Firewall e antispyware, o Windows não possui software antivírus. O usuário deve escolher o antivírus de sua preferência e instalá-lo. Há uma vasta disponibilidade de aplicativos gratuitos e pagos para essa finalidade, BitDefender, inclusive.

É provável que a banca quis confundir o candidato, uma vez que o aplicativo Windows Defender faz parte da instalação-padrão do Windows, mas se trata de um antispyware incluído no Windows e executado automaticamente ao ser ativado.

O uso do software antispyware pode ajudar a proteger o computador contra programas espiões e outros possíveis softwares indesejados.

26. **(FCC/TCE-AM/Analista de Controle Externo/2012)** Uma das características dos sistemas operacionais Windows é a possibilidade de se criar, no mesmo diretório, vários

a) diretórios com o mesmo nome, porém com permissões de acesso diferentes.
b) arquivos com o mesmo nome e extensão, porém com permissões de acesso diferentes.
c) diretórios com o mesmo nome, porém com diferenciação de letras maiúsculas e minúsculas na composição dos nomes.
d) arquivos com o mesmo nome, porém com extensões diferentes.
e) arquivos e diretórios com o mesmo nome, ainda que possuam a mesma extensão.

Comentários

No Windows, diretórios são o mesmo que pastas. As pastas não podem conter dois arquivos com o mesmo nome e a mesma extensão, nem duas pastas com o mesmo nome, no mesmo nível.

O Windows não é Case Sensitive, isso significa que ele não diferencia letras maiúsculas e minúsculas usadas nos nomes de arquivos e pastas. Por essa razão, mesmo que se digite um nome de uma pasta totalmente em letras maiúsculas e outra usando somente letras minúsculas, no mesmo local, o Windows entenderá como se a pasta já existisse. No entanto, arquivos que possuam o mesmo nome, porém com extensões diferentes, são aceitos.

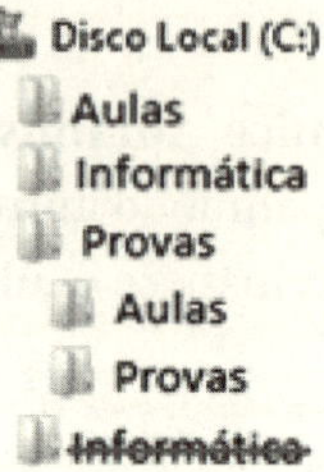

Não pode haver duas pastas com o mesmo nome no mesmo local. A figura acima demonstra a existência de duas pastas "Informática" em Disco Local (C:), o que não seria permitido pelo Windows.

---

27. (Cespe/Detran-ES/Analista/2010) No Windows 7, sempre que um arquivo é excluído, ele é transferido e enviado automaticamente para a lixeira, a menos que o usuário selecione o arquivo e pressione Shift e Del o que provoca a exclusão definitiva do arquivo.

Comentários

A Lixeira é uma pasta do Windows usada para armazenar arquivos e pastas excluídas de unidades fixas, disco rígido ou SSD, por exemplo. Ou seja, quando se exclui um arquivo ou pasta, ele, na verdade, não é excluído imediatamente; ao invés disso, vai para a Lixeira, o que permite serem recuperados, caso se precise de um arquivo excluído.

A Lixeira não armazena arquivos excluídos de unidades de disco removíveis, como pendrives; também não pode armazenar arquivos maiores do que o espaço nela disponível.

O item é errado por afirmar que **sempre** que um arquivo é excluído ele é enviado para a Lixeira.

---

28. (Cespe/TRE-GO/Analista/2009) A respeito do sistema operacional Linux, assinale a opção correta.

a) Kernel é a interface gráfica do Linux, que tem visual muito similar à interface do sistema operacional Windows XP.

b) O Linux funciona em dezenas de plataformas, desde mainframes até relógios de pulso, passando por várias arquiteturas e dispositivos.
c) O KDE é o navegador nativo do Linux que permite acesso à Internet e envio de e-mail.
d) O Linux adota a GPL, uma licença que permite aos interessados usá-lo, mas sem a possibilidade de redistribuí-lo.

Comentários

Alternativa **a**: Kernel é o núcleo do sistema operacional. É a camada do sistema operacional mais próxima ao hardware, e gerencia todos os seus recursos. Ao contrário do Windows, no Linux podemos escolher a interface gráfica que mais nos agrada em termos de beleza e facilidade de uso. Já existem cerca de 20 gerenciadores de janelas para o Linux; dentre os mais populares podemos citar: KDE, Gnome, AfterStep, Enlightnment, WindowMaker, IceWM, BlackBox, Fvwm90.

Alternativa **b**: o Linux é o sistema operacional com maior portabilidade, isso quer dizer que ele pode ser executado em computadores de arquiteturas diferentes, desde máquinas muito simples – como relógios e medidores – até em servidores de grandes redes corporativas (Mainframes).

Alternativa **c**: KDE é apenas uma dentre as várias interfaces (gerenciadores de janelas) que podem ser utilizadas no Linux. Normalmente, KDE é considerada a interface mais parecida com o ambiente Windows.

Alternativa **d**: o Linux é um dos mais preeminentes exemplos de desenvolvimento com código aberto e de software livre. O seu código-fonte está disponível sob licença GPL para qualquer pessoa utilizar, estudar, modificar e distribuir de acordo com os termos da licença.

29. (Cespe/Caixa/Escriturário/2010) Acerca do sistema operacional Linux, assinale a opção correta.
a) O KDE Control Center do Linux é uma ferramenta equivalente ao Painel de Controle do Windows e serve, por exemplo, para o gerenciamento de conexões de rede.
b) No diretório /bin do Linux, também conhecido como lixeira, ficam temporariamente armazenados os arquivos destinados ao descarte.
c) Por ser um sistema mais barato que os de mercado, o Linux está ganhando uma quantidade maior de adeptos, apesar de não haver oferta de software de escritório que funcione nessa plataforma.

d) O Linux não permite que se altere o seu código-fonte, de modo a evitar que usuários sem o devido conhecimento alterem configurações do ambiente.
e) Outlook, PowerPoint e Writer são exemplos de ferramentas de correio eletrônico que rodam no Linux.

Comentários

Alternativa **a:** diferentemente do Windows, o Linux possui diversas interfaces gráficas. As mais populares são KDE e Gnome. Na Interface Gnome, o painel de controle chama-se System Settings; o equivalente no KDE é o Control Center. Em ambos os casos, assim como no Painel de Controle do Windows, temos um conjunto de utilitários que servem para configurar e gerenciar diversos recursos do sistema.

Alternativa **b:** o diretório /bin guarda arquivos executáveis (binários), assim como acontece com Arquivos de Programas do Windows.

Alternativa **c:** o Linux possui cópias distribuídas gratuitamente e ainda há uma série de softwares de escritório disponíveis para essa plataforma, como, por exemplo, BrOffice e OpenOffice.

Alternativa **d:** o Linux é, na atualidade, o maior exemplo de Software Livre, cuja principal característica é o acesso ao código-fonte. É permitido que o usuário veja como o programa funciona, modificá-lo e adaptá-lo às suas próprias necessidades.

Alternativa **e:** PowerPoint e Writer não são ferramentas de correio eletrônico. Mesmo o Outlook, que é uma ferramenta de correio eletrônico, não pode ser executado no Linux.

30. **(Cespe/Caixa/Escriturário/2010)** Quanto ao Windows Explorer, assinale a opção correta.

a) O Windows Explorer é utilizado para gerenciar pastas e arquivos e por seu intermédio não é possível acessar o Painel de Controle, o qual só pode ser acessado pelo botão Iniciar do Windows.
b) Para se obter a listagem completa dos arquivos salvos em um diretório, exibindo-se tamanho, tipo e data de modificação, deve-se selecionar Detalhes nas opções de Modos de Exibição.
c) No Windows Explorer, o item Meus Locais de Rede oferece um histórico de páginas visitadas na Internet para acesso direto a elas.
d) Quando um arquivo estiver aberto no Windows e a opção Renomear for acionada no Windows Explorer com o botão direito do mouse, será salva uma nova versão do arquivo e a anterior continuará aberta com o nome antigo.

e) Para se encontrar arquivos armazenados na estrutura de diretórios do Windows, deve-se utilizar o sítio de busca Google, pois é ele que dá acesso a todos os diretórios de máquinas ligadas à Internet.

Comentários

Alternativa **a**: o Windows Explorer permite acessar não só o Painel de Controle para configurar vários aspectos do sistema operacional, como também permite acessar outros computadores de forma remota.

Alternativa **b**: o Windows permite visualizar o conteúdo de uma pasta de seis formas básicas diferentes: Lista, Ícones, Detalhes, Lado a Lado, Miniaturas e Película. O modo detalhes exibe na tela informações como Nome, Tamanho, Tipo, Data de Modificação além de outros definidos pelo próprio usuário.

Alternativa **c**: Meus Locais de Rede exibe os atalhos para outros computadores e os recursos compartilhados na sua rede e nos servidores Web, se tiver acesso a esses computadores. Já o histórico de navegação presente é acessado diretamente em seu navegador de internet.

Alternativa **d**: um arquivo aberto não pode ser renomeado.

Alternativa **e**: o Google faz busca em páginas armazenadas em servidores da internet. A busca por arquivo em seu computador deve ser realizada pelo utilitário Pesquisar do Windows, que pode ser acessado com o auxílio das teclas Win+F ou F3.

31. (FCC/SJCDH-BA/Agente Penitenciário/2010) Ao clicar em uma pasta (duplo clique, comumente) do Windows, este apresenta o conteúdo da pasta que pode ser composto por outras pastas e/ou por arquivos. O comando Linux equivalente (lista arquivos) é

a) in.

b) rm.

c) mv.

d) ls.

e) id.

Comentários

Há quem julgue a operação em modo texto uma tarefa árdua, outros já acham muito mais prazeroso. Na verdade, a grande vantagem do modo texto é que ele é mais rápido; em algumas tarefas é mais prático e ocupa bem menos memória que o modo gráfico. Porém se paga o preço de não ter uma interface bonita e de, muitas vezes, não se ter a praticidade que o modo gráfico oferece.

Chegamos, após ter logado, em um prompt que espera que digitemos algum comando e apertamos <enter>. Vejamos alguns comandos de navegação no sistema de arquivos e quais seus efeitos:

cd: é o mais básico dos comandos, o cd (change directory) muda de diretório atual, levando para o diretório passado como parâmetro. No sistema de arquivos usado pelo Linux, os diretórios são separados por barras comuns (/, a mesma da representação de datas) e não temos o conceito de drives (como c:, d: etc.), o diretório raiz do sistema de arquivos é o diretório "/". Para ir para o diretório /home/bolha deve-se digitar o seguinte: cd /home/bolha

Uso geral deste comando:

cd [diretório]

ls: este comando lista todos os arquivos presentes no diretório atual. Usado sem nenhum parâmetro, ele não mostra arquivos ocultos. Como parâmetro, este comando pode receber o nome de um arquivo ou um wildcard, que, na verdade, é um caractere especial que tem efeitos pouco diferentes do normal.

Veja:
Supondo que no diretório atual existam os arquivos arq1, arq2, arq3, Arq3, teste. Se se digitar um ls, ele retornará o seguinte:

```
arq1        teste
arq2
arq3
Arq3
```

Agora, se digitar ls a* e ele mostrará o seguinte, no caso:

```
arq1
arq2
arq3
```

Como se pode reparar, o Linux diferencia maiúsculas de minúsculas em seu sistema de arquivos e em praticamente todo o sistema. O caractere * digitado por no comando anterior é o wildcard, já citado. Para localizar, obter uma lista mais completa dos arquivos existentes no diretório atual adiciona-se como parâmetro para o comando um "-l", assim, além do nome dos arquivos, serão também listados a data de criação, as permissões, o dono, o tamanho em bytes, entre outros dados. Caso seja adicionado também o parâmetro "-a", aparecerão na lista todos os arquivos, inclusive os ocultos.

Um fato interessante em Linux é que, para transformar um arquivo em oculto, não se precisa editar suas propriedades com algum outro comando muito misterioso, mas, somente adicionar um " . " z (ponto) antes do nome do arquivo. Por exemplo, o arquivo ".estou_escondido" seria um arquivo oculto.

Uso geral:

ls [arquivo] [parâmetros]

cp: efetua cópia de um arquivo de origem para um local de destino. Por padrão, na maioria das distribuições de Linux, os comandos assumem que se tem certeza do que está fazendo, portanto se estiver copiando um arquivo para um diretório onde existe outro do mesmo nome, provavelmente este será sobrescrito sem ser avisado antes. Uso geral desse comando:

cp <arquivo de origem> <[diretorio de destino] ou [arquivo de destino]>

rm: apaga um arquivo ou um diretório com este comando.

ATENÇÃO!

Este comando, assim como o cp, também não pergunta se deseja realmente apagar o arquivo escolhido. Para apagar um diretório, deve ser usado o parâmetro -r (recursivo), ou seja, apaga todos os arquivos dentro de cada subdiretório do diretório selecionado, inclusive os subdiretórios.

Uso geral:

rm [-r] <arquivo ou diretório>

mv: o mv, além de mover arquivos, também serve para renomeá-los, aceitando tanto nome de arquivos quanto diretórios. O procedimento para renomear um arquivo é o mesmo que mover.

Por exemplo: para mover um arquivo do diretório atual para o diretório /home/bolha por exemplo, deve-se digitar o seguinte:

mv arquivo /home/bolha

Caso se queira executar a mesma operação, porém mudando o nome do arquivo para arquivo.teste, seria feito o seguinte:

mv arquivo /home/bolha/arquivo.teste

O uso geral deste comando é:

mv <arquivo ou diretório origem> <diretorio destino> [-R]

mkdir: este comando permite que se criem diretórios, contanto que não exista outro no mesmo local com o mesmo nome e que se tenha permissão para escrever no local determinado. Pode-se passar como parâmetro todo um caminho onde se deseja criar um diretório ou, simplesmente, o nome do diretório que se deseja criar, assim criando no local atual.

O uso geral deste comando é:

mkdir <diretorio a ser criado>

Exemplos dos dois tipos de uso:

mkdir /home/bolha/novo_diretorio

mkdir novo_diretorio

pwd: o pwd, mesmo sendo simples do jeito que é, pode ser realmente útil para as tarefas cotidianas do sistema. Ele simplesmente exibe todo o caminho do diretório atual.

Uso geral:

pwd

Supondo que estejamos em /home/bolha/novo_diretorio, ao executar este comando, obteremos exatamente o mesmo na tela: /home/bolha/novo_diretorio

Cat: não, não é um gato. Este comando serve para se visualizar qualquer tipo de arquivo na tela. É uma exibição simples e sem pausas, sendo prático somente para arquivos pequenos.

ATENÇÃO!

Este comando não se encaixa na definição da palavra **arquivo** dita acima; aqui somente se pode usar um arquivo mesmo como parâmetro.

Uso geral:

cat <nome do arquivo>

more: o more é outro comando para visualização de arquivos, um pouco mais arrojado que o cat; caso o arquivo a ser visualizado tenha mais linhas do que possa ser exibido na tela, este programa cuida de fazer paginação, esperando que apertemos <ENTER> para exibir a linha seguinte ou <q> para que a visualização seja cancelada.
O uso geral deste comando é:

more <nome do arquivo>

less: mais um visualizador de arquivos. Este permite navegação total pelas linhas do arquivo por meio das setas do teclado (acima, abaixo, direita e esquerda).
O uso geral deste comando é o seguinte:

less <nome do arquivo>

ls pode ser entendido como uma abreviação de "Listar".

(Cespe/MCT/Analista em C&T Sênior/2008) Acerca do Windows XP, do Linux e do BrOffice, julgue o item a seguir.

32. Tanto o Linux como o Windows XP são sistemas operacionais que gerenciam os periféricos do computador.

Comentários

Como função primária, todo sistema operacional gerencia recursos de hardware.

Tanto o Windows quanto o Linux exercem sua função de controlar hardware periféricos (teclado, monitor, impressora, mouse etc.) por meio de drivers de dispositivos que são programas responsáveis pela comunicação entre o hardware e o sistema operacional.

33. (Cespe/TJ-ES/Técnico/2011) Caso se deseje reduzir o tamanho de um arquivo no Linux, é suficiente utilizar o software de compactação TAR.

Comentários

TAR é um comando de compactação de arquivos no Linux, e é uma ferramenta utilizada em sistemas operacionais baseados no Unix, como o Linux, para compactação e descompactação de arquivos. Embora também existam outros programas para este fim, o mais comum é vermos usuários Linux utilizarem o recurso TAR e Gzip, até mesmo a utilização de ambos ao mesmo tempo é muito comum e útil.

34. **(Cespe/Adagri/Fiscal/2009)** Os comandos do Linux mkdir, rm, mv e ls permitem, respectivamente, criar diretórios, renomear arquivos, limpar a tela e enviar arquivo para impressão.

Comentários

Podemos dizer que são comandos de manipulação de arquivos e diretórios, onde: **mkdir** está correto, **rm** não é usado para renomear arquivos e, sim, para removê-los.

No Linux, os arquivos são copiados ou renomeados pelo comando, **cp**. Já o comando **mv** é para transferir ou renomear arquivos. O comando **ls** é usado para listar os arquivos de uma pasta (diretório) e para limpar a tela o comando é **clear**.

Item errado por afirmar que **rm** é usado para renomear e que ls é para limpar tela.

35. **(Cespe/TRE-GO/Técnico/2009)** Acerca do sistema operacional Linux, assinale a opção correta.

a) No Linux, um usuário comum não pode causar danos ao sistema operacional da máquina de forma acidental.
b) Para gravar um CD em computadores que utilizam o Linux, é necessário instalar o programa Ubuntu que permite gerar discos de áudio e vídeo.
c) O Gnome é um programa nativo do Linux para tratamento de imagens.
d) Uma das desvantagens do Linux é a necessidade de o usuário digitar comandos para realizar tarefas como gravar arquivos.

Comentários

Alternativa **a**: talvez essa alternativa seja vista com estranheza. Mas, de fato, o usuário comum não pode causar dano ao sistema, uma vez que é necessário possuir uma conta de administrador para alterar configurações do sistema ou mesmo desinstalar um programa.

Alternativa **b**: cita o Ubuntu, que é uma distribuição Linux e não um aplicativo para geração de multimídia.

Alternativa **c**: é uma interface gráfica para Linux e não um programa para tratamento de imagens.

Alternativa **d**: afirma que é necessário digitar comandos para realizar tarefas no Linux, havendo a possibilidade de executar comandos de forma textual ou por meio de uma interface gráfica.

Somente admistradores podem alterar configurações, instalar ou desinstalar programas.

36. **(Cespe/TRE-MT/Técnico/2010)** Considerando os sistemas operacionais Windows XP e Linux, assinale a opção correta.

a) Gnome é o sistema gerenciador de usuário do Linux.

b) A opção Meu computador no Windows XP apresenta as características do usuário atual.

c) No Linux, para se acessar a Internet é suficiente entrar no Windows Explorer.

d) O Painel de controle do Linux possibilita a criação de arquivos e pastas.

e) Nautilus é um programa semelhante ao Windows Explorer que permite gerenciar arquivos.

Comentários

Alternativa **a**: Gnome é uma interface gráfica para Linux.

Alternativa **b**: o utilitário Meu Computador, do Windows XP apresenta características da máquina e não do usuário.

Alternativa **c**: o Windows Explorer é o gerenciador de arquivos do Windows e não é disponibilizado para Linux.

Alternativa **d**: o Painel de Controle do Linux só permite a configuração do sistema sobre vários aspectos, principalmente hardware.

Alternativa **e**: Nautilus é um aplicativo que possui dupla funcionalidade, serve tanto como navegador Web quanto como gerenciador de arquivos. Podemos assim dizer que ele é, ao mesmo tempo, similar ao Internet Explorer e ao Windows Explorer. Nautilus é um gerenciador de arquivos para Linux.

CAPÍTULO 3

Editores de Textos Microsoft Word e BrOffice.org Writer

1. **(Cespe/PCDF/Escrivão de Polícia/2013)** No Windows 8, o modo de suspensão, por meio do qual é possível manter o computador em estado de baixo consumo de energia, possibilita o retorno rápido ao ponto do trabalho, sem apresentar risco de perda de dados.

Comentários

Clicar na opção Suspender no menu Desligar do Windows 8 faz com que o computador entre no modo de suspensão. Fechar a tampa do notebook também pode colocá-lo no modo de suspensão.

O modo de suspensão salva o estado de todos os programas abertos na memória e desliga tanto a tela quanto a unidade de disco rígido. Somente a energia necessária para manter os dados na memória é utilizada. Sair do modo de suspensão acontece rapidamente, em poucos segundos, na maioria dos casos.

O modo de suspensão é útil quando se precisa interromper o uso do computador por um período curto de tempo. Porém, em um notebook, manter a energia dos módulos de memória pode esgotar a bateria, caso o computador não esteja conectado à tomada.

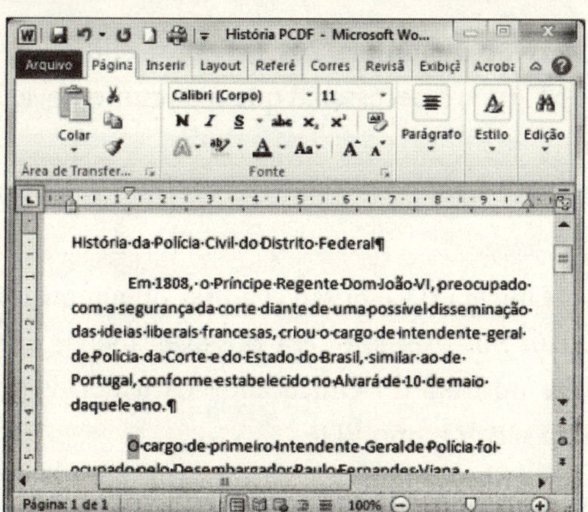

(Cespe/PC-DF/Agente de Polícia/2013) Com relação ao Word 2010 e à figura anterior, que mostra uma janela desse software com trecho de um texto em processo de edição, julgue os itens subsequentes.

2. A ferramenta  pode ser usada para realçar o texto selecionado, à semelhança do que se pode fazer com um marca-texto em um texto manuscrito ou impresso sobre papel.

Comentários

A ferramenta citada chama-se realce e formata o texto como se tivesse sido marcado com um pincel marca-texto, possibilitando destacar textos tanto na tela do computador quanto em versões impressas.

3. Ao se selecionar o trecho Distrito Federal e clicar no botão , esse trecho será excluído. O mesmo efeito ocorreria se, após a seleção desse trecho, fosse pressionada a tecla .

Comentários

A ferramenta apresentada é o botão Tachado que marca o texto selecionado com uma linha no meio. Normalmente, esse recurso é utilizado para mostrar que o texto foi anulado.

No entanto, ele continua presente no documento, não sendo excluído da impressão ou apresentação na tela.

4. **(Cespe/PCDF/Escrivão de Polícia/2013)** Para se editar um documento em formato PDF no Word 2013, é necessário que o documento seja composto exclusivamente de texto.

Comentários

No Microsoft Office 2013 é possível editar ou alterar um arquivo PDF.

No Office 2010, por exemplo, era possível apenas salvar documentos do Word como PDF e no caso do Office 2007 os usuários precisavam instalar o Service Pack 2 para salvar como PDF.

Para editar um arquivo PDF no Word 2013, abra-o normalmente e clique em Enable Editing, ou Habilitar Edição.

A questão está errada porque é possível editar arquivos PDF também quando este possuir imagens.

(Cespe/CNJ/Técnico Judiciário/2013) Julgue o item seguinte, acerca do ambiente Windows e do Microsoft Office 2010.

5. O pacote de idiomas do Microsoft Office 2010 está disponível apenas para a revisão ortográfica e gramatical de textos produzidos no Word 2010 e no Power Point 2010.

Comentários

Todos os programas do Microsoft Office 2010 incluem a capacidade de verificar a ortografia e a gramática do seu arquivo. Dependendo do seu programa, o verificador ortográfico e gramatical, muitas vezes chamado simplesmente de **Verificação Ortográfica**, está localizado em diferentes locais da faixa de opções ou menu. No Word, Excel e PowerPoint encontra-se na guia Revisão e também pode ser acionado pela tecla de atalho F7.

O item está errado por afirmar que está disponível **apenas... no Word e no Powerpoint**.

(Cespe/Ministério da Integração Nacional/Técnico Administrativo/2013) Observe as figuras e julgue os itens.

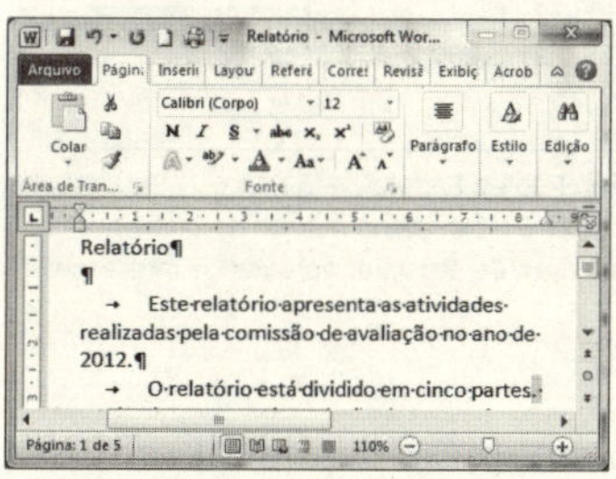

janela I Word 2010

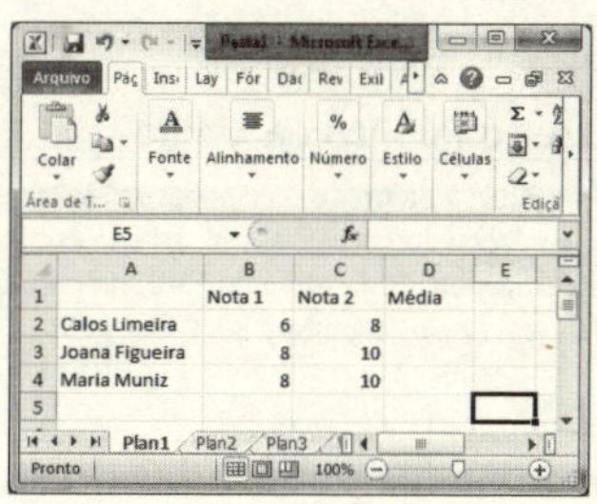

janela II Excel 2010

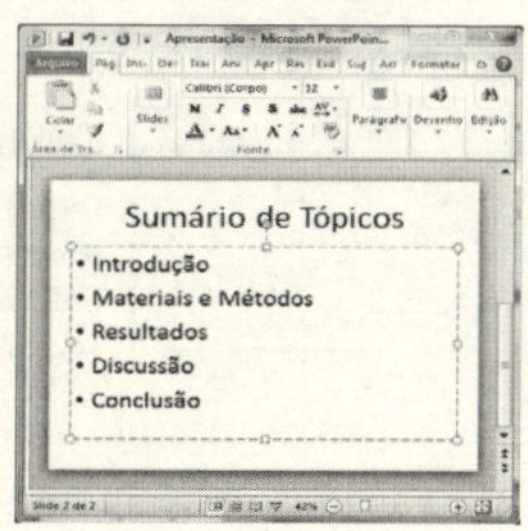

janela III PowerPoint 2010

6. Caso se aplique um clique duplo na barra de título da janela I, o documento será fechado.

Comentários

Clique duplo sobre a barra de título maximiza a janela do aplicativo.

---

7. Na situação mostrada na janela do Word 2010, para se copiar o título "Relatório" em outro local no texto, é suficiente se realizar a seguinte sequência de ações: aplicar um clique duplo no referido título; acionar o botão ; aplicar um clique no local onde o texto deve ser copiado; pressionar e manter pressionado o botão Ctrl e, em seguida teclar V.

Comentários

Típica questão sobre comandos da Área de Transferência. O clique duplo sobre a palavra **relatório** faz com que ela seja selecionada, e comandos como **copiar** e **colar** são comumente usados como descrito.

(Cespe/MPU/Técnico de Nível Médio/2013) Considerando a situação mostrada na figura seguinte, que reproduz parte de uma janela do MPU no Internet Explorer, julgue o item seguinte.

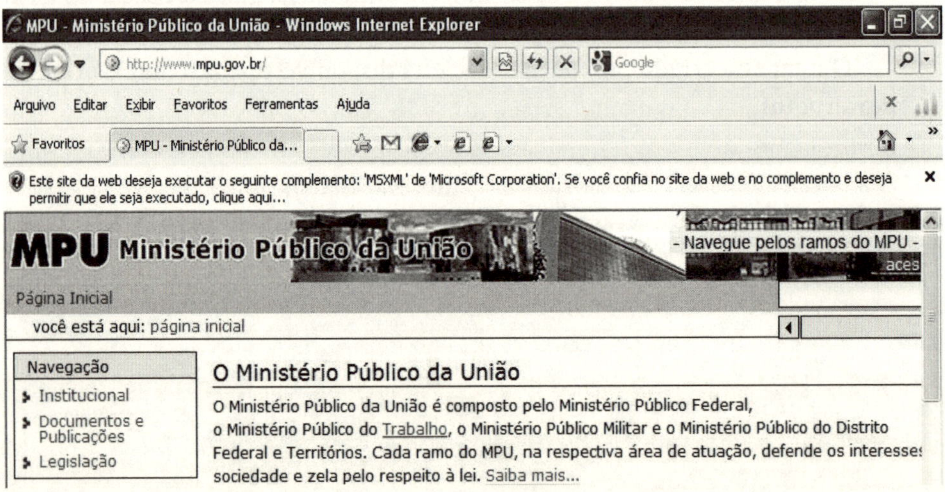

8. Os textos, mas não as imagens publicadas do sítio em questão, podem ser inseridos no editor de texto do ambiente LibreOffice.

Comentários

Mais uma questão sobre Área de Transferência.

Assim como ocorre com outros aplicativos, tanto os textos quanto as imagens copiadas da internet podem ser colados em documentos criados no Libre Office.

9. (Vunesp/PC-SP/Papiloscopista Policial/2013)

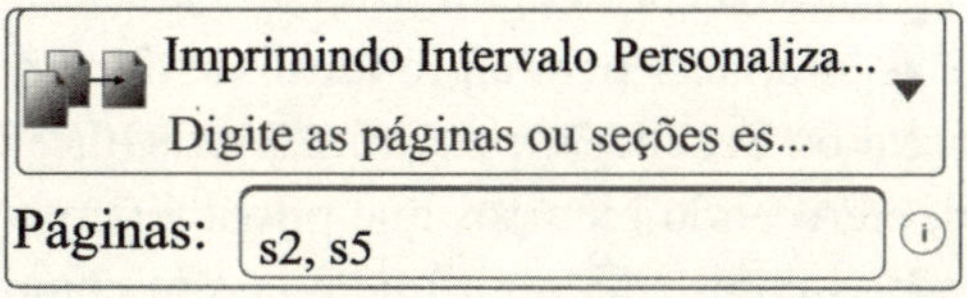

Assinale a alternativa que contém o que será impresso.

a) Seção 2 e seção 5.
b) Seção 2 até seção 5.
c) Seção 2 ou seção 5.
d) Páginas 2, 3, 4 e 5.
e) Páginas 2 e 5.

Comentários

Ao acionar o comando Imprimir (Ctrl+P) no Microsoft Word, o usuário poderá informar uma série de parâmetros de impressão. Por exemplo, poderá definir a qualidade da impressão, a ordem em que as folhas serão impressas ou quais páginas imprimir; quando o texto é separado em várias seções, para indicar um novo capítulo, por exemplo.

O Word também permitirá que se indique quais seções deseja-se imprimir, bastando, para isso, indicar a letra **S** e o número da seção. Por exemplo, s2 refere-se à Seção 2 de um documento e p1s2 refere-se à página 1 da seção 2.

Também é interessante saber que se pode usar o caractere - (hífen) para indicar intervalos de páginas e seções. Por exemplo, s2-s5 faz com que o Word imprima todas as páginas da seção 2 até a seção 5, além do caractere ponto-e-vírgula, que indica páginas ou seções distintas. Por exemplo: 1;3;7-10 fará a impressão das páginas 1,3,7,8,9 e 10 de um documento.

10. (Cespe/Banco da Amazônia/Técnico Científico/2012) A versatilidade que os programas de edição de conteúdos oferecem hoje pode ser vislumbrada na interação que existe entre formatos de objetos manipulados pelos softwares dos ambientes Windows e Linux. É possível, por exemplo, editar um texto com muitos dos recursos do editor de texto, dentro de um editor de eslaides, contendo uma planilha eletrônica que pode ser editada.

Comentários

As suítes de aplicativos apresentam diversas características comuns. As similaridades entre as interfaces para a produção de documentos dos aplicativos do Microsoft Office e/ou BrOffice/OpenOffice/LibreOffice permitem grande interação entre eles, oferecendo recursos que possibilitam a criação de um texto no editor de planilhas com itens multimídia, assim como no editor de textos podemos usar planilhas com vídeos.

OBSERVAÇÃO!

Curiosamente, a banca examinadora utilizou a palavra *eslaides* e forma **abrasileirada**, o mais comum é as bancas usarem o termo *slides*.

---

11. **(Cespe/Caixa/Escriturário/2010)** A respeito dos modos de utilização de aplicativos do ambiente MS Office, assinale a opção correta.

a) Ao se clicar no nome de um documento gravado com a extensão .xls a partir do Meu Computador, o Windows ativa o MS Access para a abertura do documento em tela.

b) As opções Copiar e Colar, que podem ser obtidas ao se acionar simultaneamente as teclas, Ctrl + C e Ctrl + V respectivamente, estão disponíveis no menu Editar de todos os aplicativos da suíte MS Office.

c) A opção Salvar Como, disponível no menu das aplicações do MS Office, permite que o usuário salve o documento correntemente aberto com outro nome. Nesse caso, a versão antiga do documento é apagada e só a nova versão permanece armazenada no computador.

d) O menu Exibir permite a visualização do documento aberto correntemente, por exemplo, no formato do MS Word para ser aberto no MS PowerPoint.

e) Uma das vantagens de se utilizar o MS Word é a elaboração de apresentações de slides que utilizem conteúdo e imagens de maneira estruturada e organizada.

Comentários

Alternativa **a:** o simples fato de clicar no nome de um documento gravado com extensão .xls, apenas fará com que esse arquivo fique selecionado. Considerando ainda a possibilidade de clicar duas vezes (clique duplo) sobre o ele, executará o Excel, que é o programa-padrão para esse tipo de documento.

Alternativa **b**: **Ctrl + C** e **Ctrl+V** são as teclas mais cobradas e conhecidas em provas de concursos públicos aplicadas pelo Cespe e referem-se, respectivamente, aos comandos **Copiar** e **Colar** da **Área de Transferência**. Tradicionalmente, esses comandos são apresentados no menu **Editar** pela maioria dos programas que são executados em ambiente Windows.

Embora o item esteja certo, vale ressaltar que no Office 2007 os comandos da Área de Transferência encontram-se disponíveis na guia Início (Página Inicial, no 2010).

Alternativa **c**: quando um arquivo é salvo com outro nome, o que pode perfeitamente ser realizado com o comando **Salvar Como**, não se perde a versão anterior.

Alternativa **d**: o menu **Exibir** permite que os documentos possam ser visualizados em diferentes modos de exibição dentro do mesmo aplicativo e não em outro programa como o item sugere. Por exemplo, no Word 2003 pode-se optar por visualizar o documento como Layout da Web, Layout de Impressão, Estrutura de Tópicos, Normal ou Layout de Leitura.

Alternativa **e**: o PowerPoint é o aplicativo do MSOffice próprio para a confecção de apresentações em *slides* e não o Microsoft Word, como citado no item.

Grupo de comandos da Área de Transferência no Microsoft Word.

---

12. (Cespe/PCES/Perito Criminal/2011) No aplicativo Writer, do BrOffice.org, em português, as teclas de atalho para imprimir ou salvar um documento que está sendo editado são as mesmas que as teclas de atalho usadas no aplicativo Word, da Microsoft, em português, para as mesmas funções.

Comentários

Um dos aspectos que mais dificultam migrações e aprendizagem do BrOffice é o fato de este apresentar teclas de atalho e localização de alguns comandos diferentes das tradicionais formas apresentadas no Microsoft Word. No caso das teclas de atalho, até há bastante semelhança, mas somente ao ser comparado com a versão em inglês.

Por exemplo: no Word em Português, as teclas de atalho para Salvar, formatar em Negrito e Sublinhado são, respectivamente, **Ctrl+B**, **Ctrl+N** e **Ctrl+S**. Já o BrOffice Writer apresenta as teclas **Ctrl+S**, **Ctrl+B** e **Ctrl+U** para executar as mesmíssimas funções.

A questão está errada, embora as teclas de atalho para Imprimir (Ctrl+P) sejam as mesmas nos dois aplicativos, no Word usamos o atalho Ctrl+B para Salvar, já o BrOffice utiliza Ctrl+S.

13. **(Cespe/Banco do Brasil/Escriturário/2009)** Microsoft Word e OpenOffice Writer são processadores de texto do tipo WYSIWYG (What You See Is What You Get), e ambos são capazes de associar metadados aos documentos editados por meio deles, tais como título, assunto, palavras-chave e comentários acerca do documento, entre outros.

Comentários

A expressão **WYSIWYG** (What You See Is What You Get) pode ser traduzida como "o que você vê é o que você tem" e refere-se a um formato de visualização de documentos, no qual o usuário poderá enxergar o documento na tela, enquanto o edita, da mesma forma que ele será impresso.

A questão está errada, embora a tecla de atalho para Imprimir (**Ctrl+P**) seja as mesma nos dois aplicativos; no Word usamos o atalho **Ctrl+B** para Salvar, já no BrOffice utiliza-se **Ctrl+S**.

(Cespe/FUB/Cargos de Nível Médio/2011) Julgue os itens a seguir a respeito do Microsoft Word 2007.

14. A criação de tabelas no Word 2007 necessita que seja definida, inicialmente, a cor de fundo da tabela, caso contrário, as tabelas serão criadas com fundo preto e linhas transparentes.

Comentários

As tabelas no Microsoft Word são criadas com bordas de linhas pretas e plano de fundo transparente (sombreamento sem cor).

Caso o usuário decida não usar bordas, as tabelas usarão como referência apenas linhas de grade. Nesse caso, apenas o conteúdo da tabela será impresso, pois linhas de grade não saem na impressão.

15. No Word 2007, a ferramenta Formatar Pincel, por padrão, aplica o estilo normal em qualquer trecho de texto previamente selecionado no documento em edição.

Comentários

Formatar Pincel é uma das ferramentas do grupo Área de Transferência, do Word e de outros aplicativos Microsoft Office. Sua função é copiar a formatação de um trecho de texto e aplicá-la em outro local. Basta selecionar o primeiro trecho, clicar sobre a ferramenta Pincel  e em seguida, selecionar o trecho que deseja aplicar a mesma formatação. As teclas de atalho para o pincel são Ctrl+Shift+C para copiar o formato e Ctrl+Shift+V para colá-lo.

A questão está errada por afirmar que a função do pincel é aplicar o estilo normal.

---

16. (Cespe/Previc/Técnico Administrativo/2011) No Microsoft Word, pode-se usar a mala direta para enviar e-mails personalizados a uma lista de endereços de e-mail contida no Outlook ou em um banco de dados.

Comentários

No Word é possível usar a mala direta quando se deseja criar um conjunto de documentos, como uma carta-modelo que é enviada a muitos clientes ou uma folha de etiquetas de endereço.

Cada carta ou etiqueta tem o mesmo tipo de informações; no entanto, o conteúdo é exclusivo. Por exemplo, nas cartas aos clientes, cada carta pode ser personalizada, ou seja, abordar cada cliente pelo nome. As informações exclusivas em cada carta ou etiqueta provêm de entradas em uma fonte de dados.

Pode-se usar a ferramenta de mala direta para criar cartas, e-mails, envelopes, etiquetas ou um catálogo de dados (diretório). Além disso, o recurso de mala direta poderá ser utilizado para qualquer tipo de documento que necessite da inserção de dados que estejam disponíveis em uma fonte de dados externa.

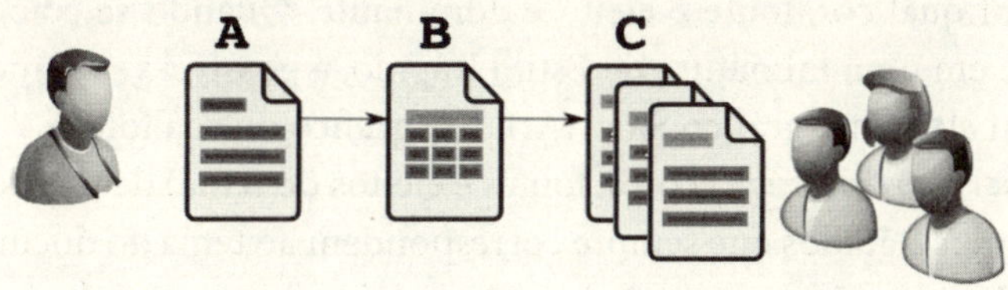

A – Documento Principal: contém o texto e formatações.

B – Fonte de Dados: uma tabela contendo os registros dos destinatários da mala direta. Pode ser uma planilha, banco de dados, lista de contatos do Outlook.

C – Documento Mesclado: é gerada uma cópia do documento principal para cada registro na base de dados.

No Word 2003 e versões anteriores, mala direta está disponível no menu Ferramentas/Cartas e Correspondências. Já no Word 2007 e 2010, o usuário deverá acessar a guia **Correspondências** e, em seguida, clicar em Iniciar Mala Direta.

A ferramenta de Mala Direta faz uso de dados externos ao documento que podem vir de um banco de dados qualquer, de uma tabela salva em outro documento, de uma planilha ou de lista de contatos do Outlook.

17. **(Cespe/TJES/Cargos de Nível Superior/2011)** No MS Word, os temas são recursos que auxiliam na definição de formatos de textos por meio de estilos criados com tamanhos de fontes variados, plano de fundo, marcadores de tópicos que podem ser utilizados para caracterizar um documento ou um conjunto deles.

Comentários

Temas são recursos do Microsoft Office usados para simplificar o processo de criação de documentos com aparência de *designer* profissional.

As cores, as fontes e os efeitos dos temas não funcionam apenas no Word, mas também se encontram disponíveis nos aplicativos Excel, PowerPoint e Outlook, de forma que as apresentações, os documentos, as planilhas e os *e-mails* possam ter uma aparência coesiva.

Para escolher e aplicar um tema ao seu documento, clique na guia **Layout da Página**. A opção **Tema** será apresentada já no primeiro grupo de comandos, da esquerda. No Word 2003, o comando é Formatar / Tema. Para experimentar temas diferentes, deve-se colocar o cursor do mouse sobre uma miniatura na galeria de Temas e observe como o seu documento se altera.

Não confunda: **Temas** não são o mesmo que **Estilos**. Enquanto os temas alteram as cores, as fontes e os efeitos gerais usados, os Estilos Rápidos (ou Estilos) alteram a maneira como as diferentes cores, fontes e efeitos combinam-se e mostram qual cor, fonte e efeito é dominante. Quando se coloca o ponteiro do mouse em uma miniatura de Estilo Rápido, é possível ver como ele afetará a tabela, seu elemento gráfico SmartArt, seu gráfico ou sua forma.

A descrição do *design* (cores, fontes e efeitos do tema) de temas fornece galerias de Estilos Rápidos que sempre correspondem ao tema do documento. Temas e Estilos Rápidos são ambos criados por *designers* para que todos os documentos tenham a aparência profissional. Quando se escolhe a partir das várias galerias de Estilos Rápidos, o conteúdo corresponderá bem ao tema geral do documento.

18. **(Cespe/TJES/Cargos de Nível Superior/2011)** O Layout de Impressão, um dos modos de exibição de arquivos no Microsoft Word, permite que se visualize o documento aberto para posterior impressão em papel, sem que seja possível, no entanto, fazer qualquer alteração do processo de edição e impressão.

Comentários

Muito cuidado para não confundir as expressões **Layout de Impressão** e **Visualizar Impressão**.

Layout de Impressão é um dos cinco modos de exibição de um documento no Microsoft Word, usado como padrão para a edição de documentos.

Já o comando **Visualizar Impressão**, por padrão, não permite a edição. Apenas é possível ver como o documento será apresentado na folha impressa. Para acessar o comando **Visualizar Impressão**, clique no ícone .

O Word possui cinco modos de exibição:

	Rascunho	É um modo referente somente para telas. Era utilizado como padrão nas versões antigas (ou clássicas) do Microsoft Word. Nesse modo, geralmente, o usuário tem dificuldades para identificar medidas das margens e finais de páginas.
	Layout da Web	É ideal para quem cria documentos para Web. Esses documentos poderão ser salvos no formato .htm, .html, .mhtml ou .mht (os dois últimos são formatos de páginas Web criados pela Microsoft – Microsoft Hypertext).
	Layout de Impressão	É o modo-padrão do Word, único a ser fiel ao formato em que o documento será impresso. Conhecido internacionalmente como modo WYSIWYG – What you see is What you get (O que você vê é o que você tem), ou seja, o documento será impresso da mesma maneira que é visualizado na tela.
	Estrutura de Tópicos	Nesse modo de exibição, o usuário tem uma visão hierárquica do documento, podendo controlar a organização do texto em vários níveis. Ideal para organizar os títulos trabalhados no documento. Nos demais modos de exibição, o usuário poderá optar pela navegação rápida baseada nos títulos organizados hierarquimente. Bastando acionar o comando Exibir/Estrutura do Documento.
	Layout de Leitura	Amplia o texto para ser exibido em diversas telas, facilitando sua leitura. Fique atento às questões de prova: caso o texto esteja sendo exibido neste modo, o número de telas não corresponde ao número de páginas. Combinado com o comando Exibir/Miniaturas permite uma navegação muito ágil no documento.

Os modos podem ser alternados clicando nos botões do canto inferior direito da tela ou na da guia **exibição**. Se o objetivo é imprimir o documento, o ideal é mesmo mantê-lo no modo Layout de Impressão. Já se a finalidade é publicá-lo na web, deve ser acionado o modo Layout da Web.

A questão está errada por dizer que Layout de Impressão não permite a edição do documento.

---

19. (Cespe/STM/Técnico Judiciário - Área Administrativa/2011) O Microsoft Word 2003 não possui recursos para sombrear ou destacar parágrafos em documentos nele produzidos.

Comentários

No menu Formatar do Word 2003 podemos encontrar a opção Bordas e Sombreamento; na guia Sombreamento podemos usar cores para formatar o plano de fundo do texto. Essas cores podem ser aplicadas ao texto selecionado, ao parágrafo ou à página inteira, depende do que o usuário escolher como forma de destacar o texto.

O Word 2003 possui recursos que permitem o sobreamento e destaque do texto.

---

20. (Cespe/TRE-ES/Analista - Engenharia Civil/2011) O processador de texto Word possui recursos para colocar um texto selecionado em ordem alfabética ou classificar dados numéricos em sentido crescente ou decrescente.

Comentários

No Word 2003, a barra de ferramentas Tabelas e Bordas apresenta os ícones 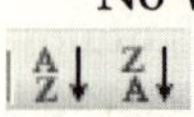 que são usados para classificar o texto em ordem crescente e decrescente, respectivamente. Já no Word 2007 e 2010, podemos encontrar a ferramenta Classificar presente no grupo Parágrafo, na Faixa de Opções.

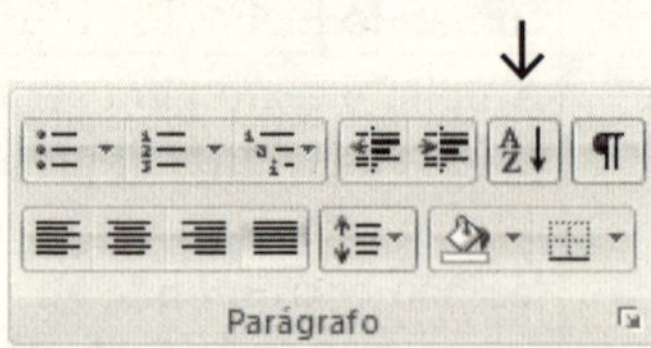

---

21. (Cespe/TRE-ES/Cargos de Nível Médio/2011) Para que um arquivo criado no Word versão 2007 seja editado usando-se uma versão anterior do Word, é necessário que exista, instalado no computador, conversor compatível para essa finalidade.

Comentários

A partir da versão 2007, a Microsoft modificou o formato padrão de arquivos do Word para adaptá-lo às especificações do Open XML. Antes da versão 2007, o formato padrão era o .DOC e desde então, passou a ser o .DOCX.

Embora seja possível o uso de conversores de documentos. DOCX para .DOC, isso não se faz necessário. Basta acessar o comando **Salvar Como** e especificar o tipo de arquivo como Documento do Word 97-2003 (*.doc).

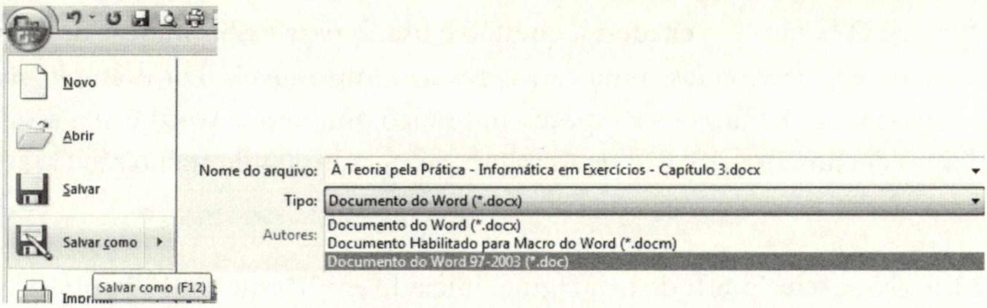

A questão está errada por afirmar que "é necessário que exista, instalado no computador, conversor compatível".

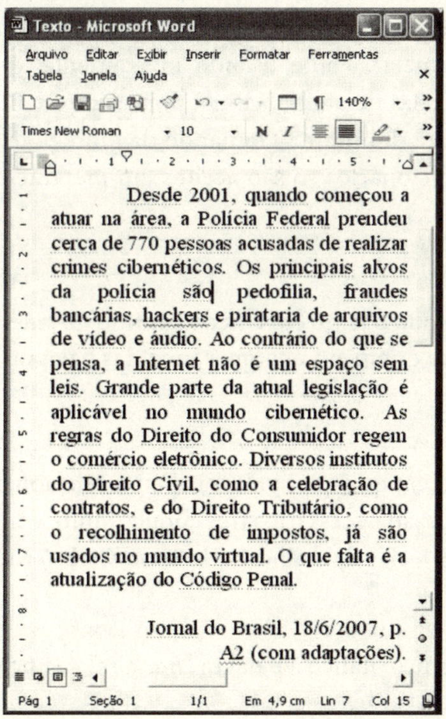

Desde 2001, quando começou a atuar na área, a Polícia Federal prendeu cerca de 770 pessoas acusadas de realizar crimes cibernéticos. Os principais alvos da polícia são pedofilia, fraudes bancárias, hackers e pirataria de arquivos de vídeo e áudio. Ao contrário do que se pensa, a Internet não é um espaço sem leis. Grande parte da atual legislação é aplicável no mundo cibernético. As regras do Direito do Consumidor regem o comércio eletrônico. Diversos institutos do Direito Civil, como a celebração de contratos, e do Direito Tributário, como o recolhimento de impostos, já são usados no mundo virtual. O que falta é a atualização do Código Penal.

Jornal do Brasil, 18/6/2007, p. A2 (com adaptações).

(Cespe/Banco do Brasil/Escriturário/2007) Considerando a figura anterior, que mostra uma janela do Word 2002 com um texto em processo de edição, julgue os próximos itens, acerca desse software, do texto mostrado e de temas a este associados.

22. Para se iniciar a procura automática por erros de gramática e de grafia no texto, é suficiente clicar o botão ¶.

Comentários

O botão ¶ citado na questão é usado para exibir marcas de formatação, também conhecidas como caracteres não imprimíveis. Por exemplo, marcas de parágrafo, tabulações e espaço em branco. Embora o Word exiba essas marcas no documento elas não serão impressas. Suas teclas de atalho são Ctrl+Shift+*.

23. Caso se selecione todo o parágrafo iniciado em "Desde 2001", é possível redefinir o tamanho da fonte usada no trecho selecionado por meio de funcionalidades da ferramenta 10 ▾.

Comentários

Há três formas básicas de se aumentar o tamanho da fonte no MS Word XP, pelo menu Formatar/ Fonte, usando a ferramenta 10 ▾ mostrada na questão ou pelas teclas de atalho, como, por exemplo, **Ctrl+>** para aumentar a fonte ou **Ctrl+<** para diminuir. O tamanho da fonte pode ser formatado entre 1 e 1.638. Valores fracionários só são aceitos em incremento a 0,5. Por exemplo: 10,5; 11,5; 12,5... etc.

24. Para se selecionar todo o texto em edição contido na janela mostrada, é suficiente aplicar um clique duplo em qualquer uma das palavras do texto.

Comentários

O clique duplo em qualquer palavra apenas selecionará a palavra; para selecionar o texto todo, são necessários três cliques junto à margem esquerda. Outra forma seria usar as teclas de atalho **Ctrl+T**, ou **Ctrl+5** (do teclado numérico).

25. Para se aplicar negrito e itálico à palavra "*hackers*", é suficiente selecioná-la e, em seguida, clicar **N** e *I*.

Comentários

Os botões **N** e *I* são duas ferramentas do Word bastante conhecidas. A questão está correta, embora não fosse necessário selecionar a palavra. Caso o cursor (ponto de inserção) estivesse posicionado entre qualquer par de letras, dentro da palavra, e depois os botões referidos fossem clicados, seria o suficiente para obter a formatação desejada.

26. (FCC/Banco do Brasil/Escriturário/2006) As tabelas inseridas num documento por editores de texto normalmente possuem bordas, linhas de grade e marcas de fim que são, respectivamente:

a) imprimíveis, imprimíveis e imprimíveis.

b) imprimíveis, não imprimíveis e não imprimíveis.

c) imprimíveis, imprimíveis e não imprimíveis.

d) não imprimíveis, não imprimíveis e não imprimíveis.

e) não imprimíveis, imprimíveis e não imprimíveis.

Comentários

As tabelas são objetos de especiais em editores de texto e possuem uma série de características. Por exemplo, quando criamos uma tabela no Word (ver imagem), vemos nela basicamente as bordas, porém fazem parte de tabela também o espaço dentro das células, que é onde digitamos os textos e as marcas de fim que indicam fim da área de digitação e fim da área da tabela; as bordas são imprimíveis e os outros espaços, como vemos no desenho, não. Aí se pode questionar: "E quando se digita, não é impresso?" Está certo, mas a questão pergunta sobre a tabela e quando a criamos, ela aparece como no desenho, ou seja, limpa.

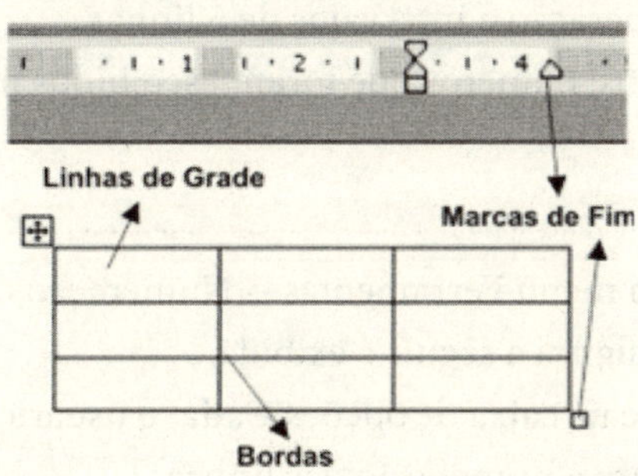

27. **(FCC/Banco do Brasil/Escriturário/2011)** Comparando-se o Word com o Writer,

a) apenas o Word possui o menu Tabela.
b) apenas o Word possui o menu Ferramentas.
c) nenhum dos dois possui o menu Tabela.
d) apenas o Word possui os menus Ferramentas e Tabela.
e) ambos possuem os menus Ferramentas e Tabela.

Comentários

Considerando a versão 2003 do Microsoft Word, podemos afirmar que os menus são praticamente os mesmos (observe a imagem a seguir). Logo, ambos possuem os menus **Ferramentas** e **Tabela**, apenas a ordem é que muda.

28. **(FCC/TCE-SP/Auxiliar da Fiscalização Financeira/2010)** O BrOffice.org pode inserir números de linha em um documento inteiro ou em parágrafos selecionados no documento. A caixa de diálogo que é aberta no Menu Ferramentas → Numeração de Linhas → Mostrar numeração exibe

a) a numeração sequencial das linhas, não havendo opção de escolha.
b) apenas a numeração a intervalos de 2 linhas.
c) apenas a numeração a intervalos de 3 linhas.
d) apenas a numeração a intervalos de 5 linhas.
e) intervalos entre números que foram escolhidos na caixa de diálogo.

Comentários

Ao clicar no menu Ferramentas → Numeração de Linhas, a caixa de diálogo apresentada na figura a seguir é exibida.

Observe que na caixa de opções **Cada**, o usuário poderá definir que intervalo será usado para a numeração das linhas.

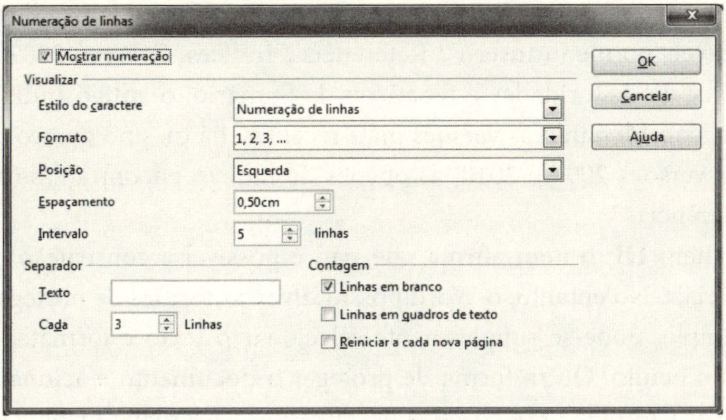

29. **(Consulplan/Pref. de Rezende-RJ/2010)** Sobre a utilização do Microsoft Word, analise as afirmativas:

I – A combinação das teclas CTRL+I são teclas de atalho para o comando imprimir.

II – São tipos de índices no Microsoft Word: índice remissivo, índice analítico, índice de ilustrações e índice de autoridades.

III – Não é possível a construção de textos confidenciais, pois não há nenhum mecanismo para a proteção do conteúdo dos textos.

IV – Possui ferramenta denominada Mala direta, usada para criar cartas, etiquetas para correspondência e envelopes em massa a partir de uma lista de endereços existente.

Está(ão) correta(as) apenas a(s) afirmativa(s):

a) I, II, III, IV.
b) I, II, IV.
c) IV.
d) II, III, IV.
e) II, IV.

Comentários

Item **I**: o item afirma que **Ctrl+I** é a tecla de atalho para o comando imprimir, quando o correto seria **Ctrl+P**. Já o comando **Ctrl+I** serve para formatar a fonte em **Itálico**.

Item **II**: trata dos tipos índices do Microsoft Word. De acordo com a versão do aplicativo, os tipos de índices podem variar. Por exemplo, no Word 2003 temos apenas os tipos: Índice Remissivo, Índice Analítico e Índice de Ilustrações, disponíveis no menu Inserir / Referência / Índices. O Word 2007 inseriu a opção Índice de Autoridades e rebatizou de Sumário, o antigo Índice Analítico. Ou seja, considerando as versões mais recentes, há mesmo quatro tipos de índices. Nas versões 2007 e 2010, as opções de índices encontram-se no menu (guia) Referências.

Item **III**: o item afirma que não é possível a construção de textos confidenciais. No entanto, o Word possui diversas formas de proteger um texto. Por exemplo, pode-se simplesmente selecionar o texto e formatar a fonte, com o efeito oculto. Outra forma de proteger o documento é acionando o comando **Salvar Como** (F12) e na caixa Ferramentas, clicar em Opções Gerais, conforme a figura a seguir.

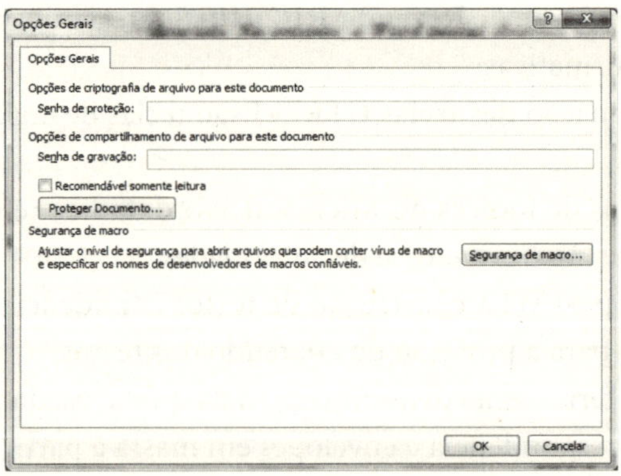

Item **IV**: trata da ferramenta Mala Direta que, conforme vimos em questões anteriores, é um recurso muito utilizado para criação de documentos em massa baseado em uma fonte de dados externa. No Word 2003, o recurso Mala Direta está disponível em Ferramentas/Mala Direta. Já no Word 2007 e 2010, usa-se o menu (guia) Correspondências / Iniciar Mala Direta.

30. **(FCC/TRT 14ª Região/Técnico Judiciário/Área Administrativa/2011)** São programas com funções idênticas, tanto no Microsoft Office quanto no BrOffice.org 3.1:

a) Word e Impress.
b) Excel e Writer.
c) PowerPoint e Draw.
d) Access e Base.
e) Publisher e Math.

Comentários

Neste tipo de questão, sempre se deve levar em conta a seguinte relação de similaridade.

BrOffice		Microsoft Office
Writer	→	Word
Calc	→	Excel
Impress	→	PowerPoint
Base	→	Access
Math	→	Equation
Draw	→	**Não há!**

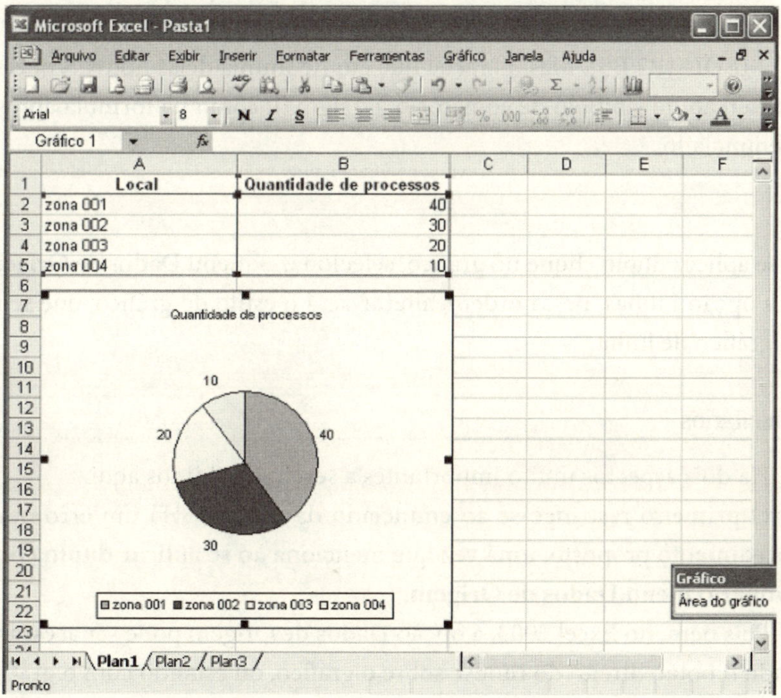

(Cespe/TRT 10ª Região/Nível Superior/2013) Com base na figura, que ilustra uma planilha em edição no Excel, a partir da qual foi gerado o gráfico mostrado, julgue os itens que se seguem.

31. O gráfico em questão pode ser colado em um relatório editado no Writer do BrOffice sem que haja perda de dados.

Comentários

Os aplicativos da suíte BrOffice são compatíveis com os aplicativos MS Office em quase todos os seus recursos, permitindo perfeitamente que um gráfico, imagem, texto ou tabela gerado em um seja copiado e colado no outro sem nenhum prejuízo.

32. É possível calcular a média aritmética dos valores contidos nas células B2, B3, B4 e B5 a partir da fórmula =∑Média(B2:B5).

Comentários

Para se calcular a média aritmética dos valores propostos, inúmeras fórmulas poderiam ser utilizadas. Por exemplo: =(B2+B3+B4+B5)/4, =SOMA(B2:B5)/4 ou =MÉDIA(B2:B5). Mas, perceba que em nenhuma delas houve a necessidade da inserção do símbolo de somatório ∑ (sigma), como na fórmula apresentada no enunciado.

33. Ao se aplicar duplo clique no gráfico, selecionar o menu Dados de Origem e clicar a opção Linhas, nessa ordem, alterar-se-á o estilo do gráfico, que se tornará um gráfico de linha.

Comentários

Há dois aspectos muito importantes a serem discutidos aqui.

O primeiro restringe-se ao enunciado da questão. Há um erro quanto ao procedimento proposto, uma vez que menciona **ao se aplicar duplo clique, selecionar o menu Dados de Origem**.

Pois bem, no Excel 2003, a opção Dados de Origem pode ser acessada acionando o botão direito do mouse sobre o gráfico, ou estando com o gráfico selecionado, acessar o menu Gráfico/Dados de Origem. Ainda que este menu seja acessado, ele trata apenas da sequência de leitura dos dados utilizados para a geração do gráfico. Portanto, não irá alterar o tipo de gráfico para Linha.

34. Depois de se salvar a planilha juntamente com o gráfico, será impossível abrir o arquivo no aplicativo Calc do BrOffice sem que haja perda de dados.

Comentários

Os aplicativos do BrOffice são totalmente compatíveis com os aplicativos do Microsoft Office. E são capazes de abrir, editar e salvar documentos em formatos criados em outros formatos, principalmente aqueles criados no MS-Office (doc, xls e ppt). Dessa forma, o arquivo poderá ser salvo e aberto no BrOffice Calc sem que haja perdas.

A questão está errada por afirmar que é **impossível** abrir o arquivo no BrOffice Calc sem que haja perdas.

35. De acordo com os dados mostrados na figura, é correto afirmar que 30% dos processos pertencem à zona 002.

Comentários

Mera questão matemática! Faça as contas: somando-se todos os valores da coluna B, chegaremos ao total 100. Logo, toda e qualquer quantidade declarada de processos corresponderá ao percentual. Zona 001, 40%... Zona 002, 30%, e assim por diante.

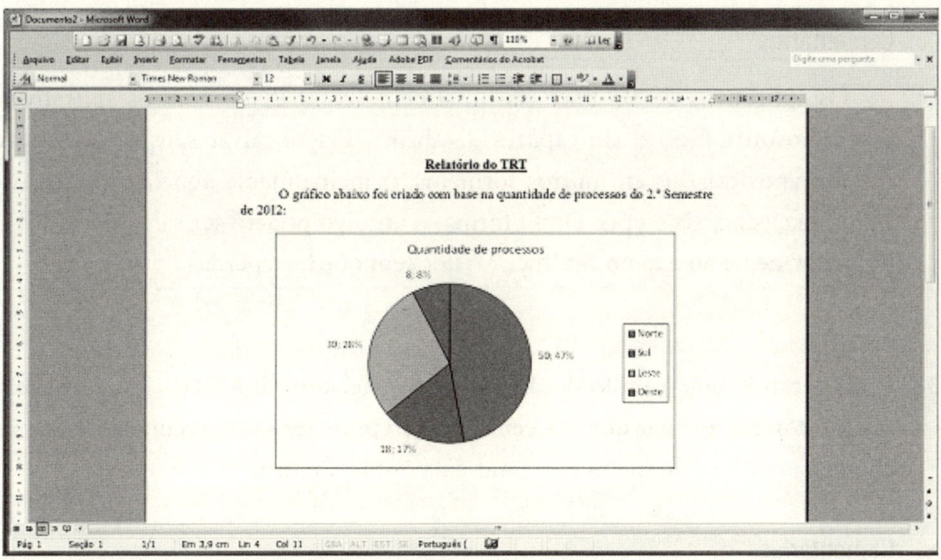

(Cespe/TRT 10ª Região/Nível Médio/2013) Tendo como referência a figura acima, que exibe um gráfico contido em um texto em edição no Word, julgue os itens a seguir.

36. A posição da legenda do gráfico em apreço pode ser reposicionada, sem que isso resulte em alteração do conteúdo do gráfico.

Comentários

Se o gráfico tiver sido gerado no próprio Word, pelo do menu Inserir / Gráfico ou no menu Inserir / Objeto, o reposicionamento da legenda será bem simples usando-se os menus próprios para a formatação do gráfico ou simplesmente usando-se o duplo clique e arrastando-se a legenda para a posição desejada.

Já se o gráfico tiver sido criado no Excel, copiado e colado como uma imagem no Word, o reposicionamento da legenda não poderá ser feito. Reposicionar a legenda, de forma alguma altera a apresentação do conteúdo do gráfico.

Muito importante salientar, no entanto, que a figura refere-se ao Word 2003 e o edital do concurso previa Office 2010.

37. Mesmo após salvar o arquivo Documento2 no Word, será possível abri-lo no software Writer.

Comentários

Os aplicativos do BrOffice são totalmente compatíveis com os aplicativos do Microsoft Office, e são capazes de abrir, editar e salvar seus documentos em formatos criados em outros formatos, principalmente aqueles criados no MS-Office (doc, xls e ppt). Dessa forma, o arquivo poderá ser salvo no Word e posteriormente aberto no BrOffice Writer sem que haja perdas.

38. Considerando que o título do documento – Relatório do TRT – está centralizado, é correto afirmar que sua centralização pode ter sido executada mediante cliques sucessivos do menu Formatar e da opção Centro.

Comentários

Para formatar um texto no Word 2003 com alinhamento centralizado pode-se clicar no menu Formatar/ Parágrafo e Alinhamento Centralizada.

39. Os dados mostrados no gráfico da figura em questão são suficientes para se inferir que cem processos foram recebidos pelo TRT no 2° semestre de 2012.

Comentários

Matematicamente, a porcentagem é uma medida proporcional a cem e não um valor exato. Ainda que o fosse, o item estaria errado, uma vez que a soma dos valores apresentados é inferior a cem.

CAPÍTULO 4

Planilhas Eletrônicas Microsoft Excel e BrOffice Calc

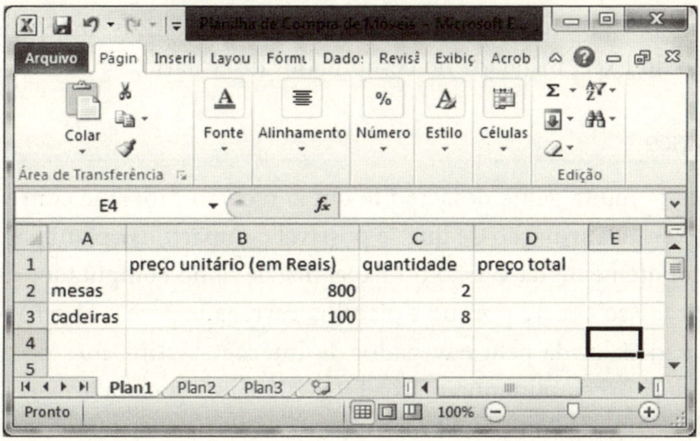

(Cespe/PCDF/Agente de Polícia/2013) A figura acima mostra uma janela do Excel 2010, com uma planilha em processo de edição. Essa planilha hipotética contém os preços unitários de cadeiras e mesas, assim como a quantidade de itens a serem adquiridos de cada um desses móveis. Com relação a essa planilha e ao Excel 2010, julgue o item seguinte.

1. Para se inserir na célula D2 o preço total das duas mesas e na célula D3, o preço total das oito cadeiras, é suficiente realizar a seguinte sequência de ações: clicar a célula D2; digitar =B2*C2 e, em seguida, teclar ENTER; clicar a célula D2 com o botão direito do mouse e, na lista de opções que surge em decorrência dessa ação, clicar a opção Copiar; clicar a célula D3; pressionar e manter pressionada a tecla CTRL e, em seguida, acionar a tecla V.

Comentários

Uma questão simples envolvendo multiplicação de preço por quantidade. Coluna B apresentando o valor dos itens a serem adquiridos e a Coluna C, as respectivas quantidades. Portanto, para se obter o preço total de mesas, é suficiente digitar =B2*C2.

Outra forma de se obter o mesmo resultado seria com a fórmula =MULT(B2;C2). Em seguida para se calcular o total de cadeiras, basta copiar a fórmula de D2 e colar em D3.

2. **(Cespe/CNJ/Analista Judiciário/2013)** No Excel 2010, o recurso Web App permite o acesso a pastas de trabalho por meio de um navegador da Internet. Com esse recurso, é possível compartilhar planilhas eletrônicas, independentemente da versão do Excel instalada no computador do usuário.

Comentários

Embora muita gente desacredite que o recurso funcione com versões antigas do Excel, a afirmação de que "é possível compartilhar planilhas eletrônicas, independentemente da versão do Excel instalada no computador do usuário" é verdadeira. Isso ocorre porque a planilha carregada para o Excel Web App será editada e visualizada pelo navegador de Internet. Assim, mesmo que a pessoa não tenha o Excel, ou tenha o Excel 97, 2000, etc. poderá acessar as pastas de trabalho carregadas no Excel Web App.

O mesmo recurso também pode ser explorado em outros aplicativos Microsoft Office, como Word e PowerPoint.

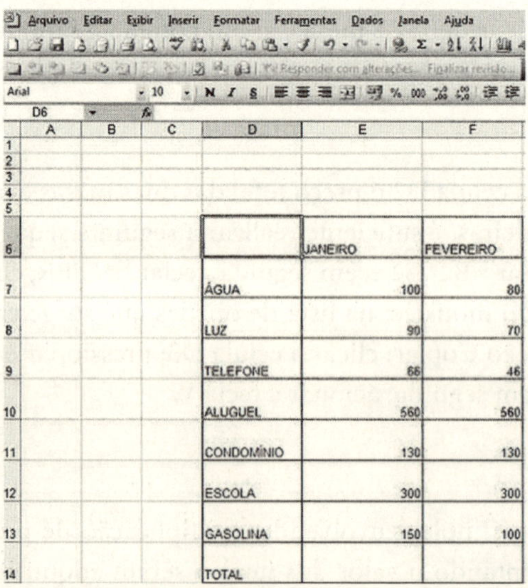

(Cespe/Correios/Analista /2011) Considerando a figura anterior, que ilustra uma janela do Microsoft Excel 2003 com uma planilha em processo de elaboração, julgue os próximos itens.

3. As fórmulas = MÉDIA (F7:F13) e = F7+F8+F9+F10+F11+F12+F13/7 permitem determinar a média dos valores de todos os itens no mês de fevereiro.

Comentários

As fórmulas = MÉDIA (F7:F13) e = F7+F8+F9+F10+F11+F12+F13/7 **não se equivalem!** Lembre-se de que há uma ordem de precedência entre as operações aritméticas; a operação de divisão é resolvida antes da adição. Assim sendo, duas outras possibilidades seriam as fórmulas = (F7+F8+F9+F10+F11+F12+-F13)/7ou = SOMA (F7:F13)/7.

4. Usando-se as fórmulas = E7+E8+E9+E10+E13 e = SOMA (E7:E10) + E13, é possível determinar a soma, no mês de janeiro, dos itens água, luz, telefone, aluguel e gasolina.

Comentários

Uma fórmula matemática permite sempre diversas combinações para obter--se o mesmo resultado.

A soma dos valores contidos nas células E7,E8,E9,E10 e E13 poderiam ser apresentadas de várias maneiras. O mais importante é ressaltar que o operador de referência ponto-e-vírgula (;) serve para unir valores ou intervalos isolados. Já o caractere dois-pontos (:) serve para referir-se a um intervalo inteiro. Logo, a leitura de E7:E10 será "de E7 **até** E10". E a leitura de E7;E10 será "E7 **e** E10". Dessa maneira, além do modelo proposto, poderíamos ter "n" possibilidades. Vejamos algumas:

=SOMA(E7:E10;E13)
=SOMA(E13;E7:E10)
=E13+SOMA(E7:E10)

5. Na situação da planilha mostrada, para que todas as células de D6 até F14 sejam selecionadas sem a utilização do mouse, é suficiente que se clique em qualquer célula do intervalo mencionado; se pressione e mantenha pressionada a tecla Ctrl; e, em seguida, se tecle *.

Comentários

Existem diversas formas de selecionar várias células de um intervalo. Quando se tratar de um conjunto de células preenchidas em um intervalo, é suficiente clicar sobre qualquer uma delas, manter pressionada a tecla Ctrl e teclar *.

Outra forma muito útil é clicar sobre a primeira célula do intervalo, pressionar a tecla Shift e clicar sobre a última célula que se deseja selecionar. Ou, ainda, clicar sobre a primeira célula do intervalo, teclar Ctrl+Shift+Seta para baixo e depois Ctrl+Shift+Seta para a direita.

6. **(Cespe/PC-ES/Cargos de Nível Sup./2011)** Em uma planilha eletrônica, preenchendo-se qualquer valor numérico nas células B3 e B4, o resultado da fórmula =SE(B3>SOMA(B3:B4), OK, NC) será sempre NC.

Comentários

O Microsoft Excel possui um conjunto de funções lógicas, ideais para serem aplicadas sempre que testes condicionais precisarem ser implementados. Basicamente, a função lógica mais aplicada é a função SE, mas, além desta e suas funções complementares (**e**, **ou, falso**, **verdadeiro** e **não**), outras funções também requerem um raciocínio lógico similar ao utilizado na função SE, por exemplo, as funções **somase e cont.se** dentre outras.

A função lógica **SE** possui a seguinte estrutura = **SE** (Teste Lógico; ValorSeVerdadeiro;ValorSeFalso). Onde, todo **Teste Lógico** deve ser uma operação relacional. Ou seja, uma expressão que possa ser interpretada como Verdadeiro ou Falso. Na fórmula apresentada pela questão, a expressão B3>SOMA(B3:B4) pode ser perfeitamente interpretada como verdadeira ou falsa. Caso o teste resulte em verdadeiro, o resultado apresentado será o **ValorSeVerdadeiro**, senão a célula apresentará o **ValorSeFalso**. Ou seja, se o teste for verdadeiro, o resultado será OK, senão o resultado será NC. Vejamos outros exemplos:

=SE(2>3;2+3;2*3), o resultado será igual a **6**.
=SE(2<3;2+3;2*3), o resultado será igual a **5**.

Todo texto escrito em uma fórmula deve ser apresentado entre parênteses, exceto quando se tratar de função ou rótulos de células. Na fórmula apresentada, muita gente pode pensar que OK e NC não possam ser escritos assim. Mas, podem sim. Desde que tenham sido declaradas como rótulo de alguma célula.

Declarar um texto como rótulo de célula é muito simples. Basta selecionar uma célula qualquer, clicar na **Caixa de Nome** posicionada no canto superior esquerdo da planilha e digitar o nome do rótulo a ser adotado pela célula.

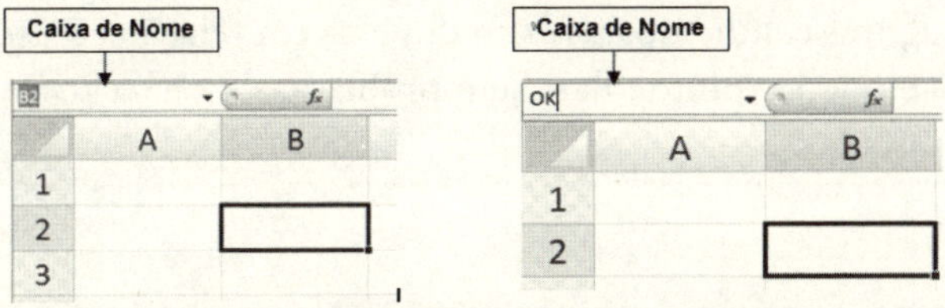

Figura 1 - CAIXA DE NOME: pode ser usada para atribuir rótulo a uma célula.

Então, podemos afirmar que não há nenhum problema em relação à sintaxe da fórmula. Já a parte de cálculo deve ser observada. Note que a questão afirma que o resultado "será sempre NC". Parece óbvio! Afinal, o valor de B3 será sempre menor que o valor de B3 somado a qualquer outra coisa. Será? Bem, não é tão simples assim! E se o valor de B4 for um valor negativo? Nesse caso, SOMA(B3:B4) será menor que o valor de B3. Assim, somado a B3, o resultado será menor que este, portanto, o resultado da referida fórmula tanto pode ser **OK** quanto **NC**.

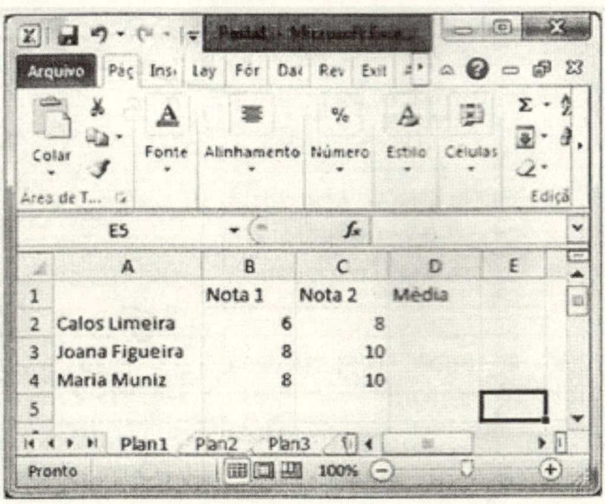

Janela Excel 2010

Com base na situação mostrada na figura acima, que apresenta janela do Excel 2010 e que foi aberta em um computador equipado com sistema operacional Windows 7, julgue o item subsequente.

7. **(Cespe/Ministério da Integração Nacional/Técnico de Nível Médio/2013)** Na situação da planilha mostrada na janela II, considere que a célula D2 deva apresentar a média aritmética dos valores que se encontram nas células B2 e C2.

Nesse caso, é suficiente que o usuário clique na célula D2, digite nessa célula a expressão =média(B2:C2) e, em seguida, tecle ENTER.

Comentários

Talvez alguns candidatos tenham dúvidas em relação ao uso da função MÉDIA escrita em letra minúsculas. Sem problemas! O Excel converterá a expressão em maiúsculas.

8. **(Cespe/Ibama/Analista Ambiental/2013)** No aplicativo BrOffice Calc, ao se exportar uma planilha para o formato PDF, é possível especificar as páginas que serão exportadas e o grau de qualidade das imagens.

Comentários

Clicando no menu Arquivo / Exportar como PDF, será exibida a janela apresentada a seguir que permite ao usuário definir o intervalo específico de páginas que serão convertidas, além da qualidade da imagem.

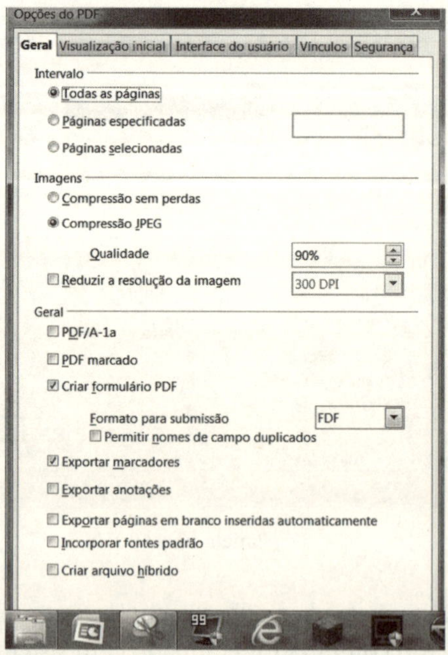

9. **(Funiversa/Ministério da Cultura/Técnico em Contabilidade/2013)** O Microsoft Office 2007 inovou em muitos aspectos se comparado às versões anteriores

desse pacote de aplicativos. Tecnicamente, uma mudança significativa foi o uso de um novo formato de arquivo, com base no padrão XML. Assinale a alternativa que apresenta um exemplo de nome e extensão de arquivo gerado, por padrão, pelo aplicativo Excel, do Microsoft Office 2007.

a) carta.doc.
b) arquivo.xml.
c) exemplo.mso.
d) nome.ppt.
e) documento.xlsx.

Comentários

A adaptação ao formato XML é um padrão que facilita o compartilhamento de arquivos. Documentos, planilhas e apresentações criados na versão 2007, e posteriores, do Office são salvos no formato XML e, por isso, apresentam as letras "x" ou "m" nas extensões de nome de arquivo; "x" significa um arquivo XML sem macros. Por exemplo, ao salvar um documento no Word, o arquivo utilizará, por padrão, a extensão .docx em vez da extensão .doc. Já o Excel apresenta .xlsx ao invés de .xls.

10. (Cespe/MPU/Técnico/2010) Em uma planilha que está sendo editada no Excel 2007, um triângulo vermelho no canto superior direito de uma célula indica que, naquela célula, há algum erro: por exemplo, se a célula tem uma fórmula matemática associada a ela, pode ser um erro nessa fórmula.

Comentários

O triângulo no canto superior direito da célula indica que o usuário inseriu um comentário na célula. As mensagens de erro são indicadas pela presença de um triângulo, no canto superior esquerdo da célula.

Figura 2 - Indicação de Erro e Comentário em células da planilha.

11. (Funiversa/PC-GO/Auxiliar de Laboratório/2010) Assinale a alternativa que contém apenas fórmulas válidas nos aplicativos de edição de planilha eletrônica Microsoft Excel e BrOffice Calc.

a) =SOMANDO(D5:D8),=SUBTRAIA(A1;B7), =MÉDIA(B7:B10)
b) =MED(B7:B10), =PI(E1:F8), =SOMANDO(D5:D8)
c) =SOMA(D5 a D8), =MED(B7:B10), =SUBTRAIA(A1;B7)
d) =MÉDIA(B7:B10), =SOMA(D5:D8), =B7+B10
e) =PI(), =SUBTRAIA(A1;B7), =SOMA(D5:D8).

Comentários

Função é uma fórmula pré-definida que retorna valor a uma célula.
Sintaxe Básica de Funções
Toda função deve ser escrita conforme o modelo:
=NomeDaFunção(argumentos)

O Microsoft Excel conta com cerca de 370 funções, que são agrupadas em diferentes categorias: Matemáticas e Trigonométricas, Busca e Referência, Estatísticas, Engenharia, Banco de Dados, Cubo, Lógicas etc.

Na questão, é apresentada uma variedade de funções bem interessante, mas algumas delas simplesmente não existem. Foram citadas na questão apenas para testar os conhecimentos do candidato. Então, podemos eliminá-las da lista de fórmulas válidas. São elas: SOMANDO e SUBTRAIA. A eliminação dessas duas funções já é o suficiente para responder à questão, uma vez que resta apenas uma alternativa que não contém qualquer uma delas.

Considere ainda que a função PI é uma função sem argumentos, ou seja, sua sintaxe é apenas =PI( ) sem nada escrito entre os parênteses. O comando apresentará, na célula, o valor de Pi (3,141593).

12. **(Cespe/Sefaz-ES/Consultor do Executivo/2010)** No aplicativo Excel, um sinal de cifrão ($) deve ser utilizado imediatamente antes de uma referência absoluta a ser fixada. Esse procedimento evita que a referência da célula possa ser alterada ao ser usada uma alça de preenchimento ou comandos, como copiar e colar.

Comentários

Quando determinado endereço deve permanecer absoluto, antes de copiar uma fórmula para outra célula, deve-se usar o símbolo $ na fórmula. *Ex.*: na fórmula =A1*B1, se quisermos que o endereço B1 permaneça absoluto, ou fixo quando a fórmula for copiada para as linhas abaixo. Devemos, então, digitar a fórmula.

=A1*B$1

Perceba que o símbolo $ está antes do número 1 que identifica a linha. Depois de copiado, as fórmulas ficariam assim:

=A2*B$1
=A3*B$1
=A4*B$1
=A5*B$1

Quando copiamos uma fórmula para outras colunas, a regra é a mesma, ou seja, devemos colocar o símbolo $ na fórmula antes da letra que identifica a coluna que deve permanecer fixa. Usando o exemplo =A1*A2, quando copiamos para as outras colunas, ficam assim:

=B1*B2 =C1*C2 =D1*D2

Colocando o símbolo $ antes do A1, =$A1*A2, depois de copiado, ficará assim:

=$A1*B2 =$A1*C2 =$A1*D2

Para fixar a coluna e a linha usa-se =$A$1*A2, pois assim, quando copiamos esta fórmula para baixo ou para o lado na planilha, o endereço $A$1 permanecerá fixo.

ATENÇÃO!

Para fixar o endereço de uma célula, pode-se digitar o caractere $ (dólar), ou selecionar a célula que deseja manter fixo o endereço e teclar F4.

---

13. (Vunesp/SAP-SP/2011) Assinale a alternativa que contém a correta afirmação sobre o resultado da expressão inserida na célula D1 da planilha do Microsoft Excel 2003, em sua configuração padrão, considerando que o conteúdo das demais células é o apresentado na figura.

	A	B	C	D
1	2	3	5	
2	7	11	13	
3	17	19	23	
4				

a) = A1^B1 + C1 resulta em 11.
b) = A1*B2 – C3 resulta em 25.
c) = MÉDIA(B1:C2) resulta em 18.
d) = MENOR(A1:B2;2) resulta em 3.
e) = MULT(A2;B1;A1) resulta em 24.

Comentários

Antes de resolver a questão, observe, na figura a seguir, que as fórmulas utilizam operadores e obedecem a uma regra de precedência.

ARITMÉTICOS	
Porcentagem	%
Exponenciação	^
Divisão	/
Multiplicação	*
Subtração	-
Adição	+

PRIORIDADE

Sendo assim, na fórmula contida na alternativa **a**, primeiro se resolve a exponenciação e, depois, a adição.

= A1^B1 + C1
=2^3+5
=8+5
=13

Na fórmula contida na alternativa **b**, primeiro se resolve a multiplicação e depois a subtração.

= A1*B2 - C3
=2*11-23
=22-23
=-1

A função Média soma todos os valores do intervalo e divide pela quantidade de valores. Logo, a alternativa **c** resultará em:

=MÉDIA(B1:C2)
=(3+5+11+13)/4
=32/4
=8

A função Menor possui a seguinte sintaxe =MENOR(Intervalo;K) onde K indica a posição (a partir do menor) no intervalo de dados fornecido. Por exemplo, primeiro menor valor, segundo menor valor etc.

No exemplo dado pela questão, o número 2 indica o segundo menor valor.

Logo, =MENOR(A1:B2;2) apresentará o segundo menor valor entre 2, 3, 7 e 11. Ou seja, 3.

Já a função MULT apresentará o produto da multiplicação dos valores citados ou de um intervalo.

=MULT(A2;B1;A1)
=MULT(7;3;2)
=7*3*2
=42

---

14. (Cespe/MPE-PI/Cargos de Nível Superior/2012) Por meio da opção SmartArt, na guia Inserir do Excel 2010, tem-se acesso a elementos gráficos que possibilitam a confecção de organogramas. No entanto, as limitações dessa ferramenta impedem, por exemplo, que haja integração com valores de planilhas.

Comentários

Esta questão é muito interessante sob o aspecto do edital. Acontece que o item SmartArt foi incorporado ao Microsoft Office 2007 como uma nova versão da antiga ferramenta Diagramas e Organogramas.

No Excel 2007 não era possível a integração desses diagramas com recursos da planilha. Já na versão 2010 é possível usar os dados da planilha para gerar ilustrações do SmartArt. Enfim, se o edital ou o enunciado **fizer referência a uma versão anterior a 2010**, marque alternativas que indiquem que **não** é possível integrar dados de planilhas.

---

15. (Cespe/Ancine/Técnico Administrativo/2012) Em uma planilha do Microsoft Excel, para se selecionar uma linha inteira, é necessário clicar no título da linha, que é representado por um número; e, para a seleção de uma coluna inteira, deve-se clicar no título da coluna, que é representado por uma letra.

Comentários

Nesta questão, vemos a expressão **é necessário** sendo utilizada como um excludente. Em geral, a afirmação é utilizada para indicar **uma única forma de**

fazer, diferentemente da expressão **é suficiente**, que se trata de **uma forma de fazer**. Bom, ao menos é comum o Cespe ter essa abordagem.

É correto afirmar que a coluna pode ser selecionada clicando no título (cabeçalho) da coluna, da mesma forma que também se pode selecionar a linha clicando sobre o título, linha que identifica a linha. Mas, também além do mouse, o usuário poderá clicar sobre qualquer célula da planilha e teclar Ctrl+Espaço para selecionar a coluna ou Shift+Espaço para selecionar a linha.

16. (FCC/TRE-AP/2011) Em relação ao BrOffice.org 3.1, considere.

I – Em um arquivo aberto no Writer quando o cursor está em qualquer linha de qualquer parágrafo, ao se pressionar a tecla Home ele irá se posicionar no início do texto.

II – Em uma planilha do Calc, se a célula E8, que contém a fórmula =($D$2+-SOMA(C3:C7))/$D$1, for copiada para a célula F9, através de Ctrl+C e Ctrl+V, a célula F9 conterá a fórmula =($D$2+SOMA(D4:D8))/$D$1.

III – No Writer as ações das teclas F7, Ctrl+F12 e Ctrl+F4 correspondem, respectivamente, verificar ortografia, inserir tabela e fechar documento.

IV – No Calc a fórmula =SOMA(A1:B2;B4) irá executar a soma de A1, B2 e B4.

Está correto o que se afirma, **somente** em

a) I e II.

b) I, II e IV.

c) I, III e IV.

d) II e III.

e) II, III e IV.

Comentários

Item **I**: errado. Assim como ocorre no Microsoft Word, no BrOffice Writer a tecla Home posiciona o cursor no início da linha. Já a combinação Ctrl+Home posiciona o cursor no início do documento.

Item **II**: certo. Se a fórmula for copiada do endereço E8 para F9, então terá avançado uma coluna e uma linha. Logo, todas as referências que não forem precedidas pelo caractere $ repetirão esse movimento. Então, teremos = ($D$2+SOMA(D4:D8))/$D$1. Note que as referências às células D2 e D1 não foram alteradas por causa da existência do caractere $ fixando a célula.

Item **III**: certo. No Wrter, a tecla F7 tem a mesma função que é utilizada no Microsoft Word, ou seja, aciona o comando **Verificação Ortográfica**; já a tecla Ctrl+F12 serve para inserir tabelas, conforme a quantidade de linhas e colunas que o usuário desejar e Ctrl+F4 refere-se ao comando **Fechar**, que fecha a janela do documento sem encerrar o aplicativo.

Item **IV**: errado. No Calc, a fórmula =SOMA(A1:B2;B4) somará os conteúdos das células A1, A2, B1, B2 e B4. Uma vez que dois-pontos corresponde a **até** e ponto-e-vírgula corresponde a **e**. Bom, pode-se até argumentar que se soma A1, A2, B1, B2 e B4, então soma A1, B2 e B4. Afinal, a banca não afirmou que **apenas** as células citadas seriam somadas. Embora esta seja uma boa argumentação, tal abordagem não costuma ser usada pela Fundação Carlos Chagas, responsável pela elaboração desta questão. Se fosse uma questão do Cespe, muito provavelmente o item seria dado como certo.

17. **(Cespe/FUB/Técnico/2011)** No Excel, uma célula de resultado, também conhecida como célula de absorção, deve ser preenchida com conteúdo antecedido dos seguintes sinais: = (igual), @ (arroba), + (mais) ou – (menos).

Comentários

Embora o padrão seja a utilização do caractere = (igual) para iniciar uma fórmula, o Microsoft Excel também aceita que outros caracteres sejam utilizados. São eles: + (mais), - (menos) e @ (arroba), mas é importante perceber que o uso do caracetere - (menos) tornará o valor em negativo e @ (arroba) só deve ser utilizado antes de uma função, não sendo aceito em fórmulas convencionais.

18. **(Cespe/FNDE/Cargo 2/2012)** Em relação aos recursos oferecidos pelo aplicativo Calc do BrOffice, julgue os itens seguintes. O aplicativo em questão oferece um conjunto de funções, incluindo funções lógicas, estatísticas e financeiras, para possibilitar a inserção de fórmulas que executem cálculos complexos em seus dados. Considerando que a função lógica E retorna o valor **verdadeiro** se todos os argumentos forem verdadeiros, ou retorna o valor **falso** se um dos elementos for falso, é correto afirmar que a fórmula =E(12<13;14>12;7<6) retornará o valor falso.

Comentários

Tanto o BrOffice Calc quanto o Microsoft Excel são aplicativos de planilhas eletrônicas que contêm grande quantidade de funções, aproximadamente quatrocentas, separadas em diversas categorias.

No caso do Calc, clicando em **Inserir/ Função** ou na ferramenta **Assistente de Funções**, o usuário obterá uma lista das funções existentes no aplicativo separadas por diversas categorias. Dentre elas, as categorias citadas na questão (funções lógicas, estatísticas e financeiras). Na categoria de funções lógicas, por exemplo, encontramos as funções E, OU, SE, NÃO.

No caso da função E, a explicação que vimos na própria questão é correta, pois o papel da função é testar vários argumentos de comparação lógica e apresentar o valor **verdadeiro** se todos esses argumentos forem verdadeiros e o valor **falso** caso pelo menos um deles seja falso.

Na fórmula **=E(12<13;14>12;7<6)**, temos os dois primeiros argumentos (12<13 e 14>12) como verdadeiros e o último argumento falso. Logo, o resultado da fórmula será **falso**.

Ainda no mesmo contexto, note que se a função utilizada fosse **ou**, ao invés de **e**, o resultado seria **verdadeiro**. Uma vez que a função **ou** retorna o valor **verdadeiro** se **ao menos um dos argumentos for verdadeiro** e o valor **falso**, somente se todos os argumentos forem falsos.

---

19. (Cespe/TRT-RN/Analista Judiciário/2010) Na planilha eletrônica Calc, a última ação desfeita pode ser restabelecida pressionando-se simultaneamente as teclas Ctrl e R

Comentários

No BrOffice Calc, assim como ocorre em diversos aplicativos, a tecla de atalho para desfazer as últimas ações é Ctr+Z. Já a tecla responsável por refazer a ação que fora desfeita é Ctrl+Y. Uma curiosidade é que no Excel versão 2007 essa também é a combinação utilizada, mas nas outras versões do Excel a tecla usada para Repetir ou Refazer é Ctrl+R. Ou seja, quando a questão referir-se ao Calc ou ao Excel 2007, a tecla de atalho para Refazer será Ctrl+Y. Já nas demais versões do Excel será Ctrl+R.

A mesma explicação vale para os demais aplicativos que acompanham as suítes BrOffice e Microsoft Office, considerando as versões de cada programa.

---

20. (Cespe/TJ-ES/Cargos de Nível Sup./2011) Em uma planilha em edição no Calc, se houver um número em uma célula e se, a partir dessa célula, a alça de preenchimento for levada para as células adjacentes, será automaticamente criada uma sequência numérica a partir desse número.

Comentários

No BrOffice Calc, se uma célula contiver um número qualquer e a alça de preenchimento for arrastada, o Calc preencherá uma sequência numérica. Já no Excel, isso não ocorre; o que o Excel faz é repetir o número para as células adjacentes.

Uma forma ágil de obter uma sequência numérica no Excel é manter a tecla **Ctrl** pressionada e arrastar o número usando a alça de preenchimento. Se fizer o mesmo no Calc, o número será repetido para as demais células. Ou seja, os dois fazem exatamente um o contrário do outro!

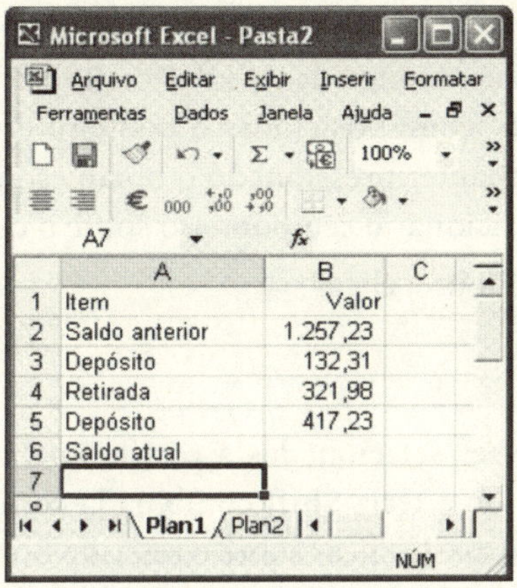

(Cespe/Banco do Brasil/Escriturário/2007) A figura anterior mostra uma janela do Excel 2002, em que é apresentada uma planilha que contém o saldo anterior de uma conta-corrente, seguido de depósitos e retirada realizados após a obtenção desse saldo anterior. Com relação a essa janela e ao Excel 2002, julgue os itens que se seguem.

21. É possível se aumentar a largura da coluna B por meio da seguinte sequência de ações: posicionar o ponteiro do mouse sobre o ponto médio da linha que divide os cabeçalhos das colunas B e C [B] e [C]; pressionar e manter pressionado o botão esquerdo do mouse; mover o mouse para a direita, aumentando a largura da coluna; liberar o botão esquerdo do mouse.

Comentários

Ao clicar duas vezes (duplo clique) sobre a linha que divide o cabeçalho das colunas, automaticamente o Excel ajustará a largura da coluna ao tamanho do maior texto presente nesta.

22. Para se calcular o saldo atual, pondo o resultado na célula B6, é suficiente clicar essa célula, digitar a sequência de caracteres (B2,B5)-B3 e, em seguida, teclar [Enter].

Comentários

A fórmula mencionada não pode ser usada para resolver o problema proposto. Em primeiro lugar, não foi apresentado o caractere que inicia a fórmula. O Excel aceita que seja digitado =, - ou +. Sem a presença de um desses caracteres, o Excel entenderá a expressão como texto e não como fórmula. Seria aceito, caso se digitasse =SOMA(B2;B3;B5)-B4 por exemplo.

23. Para se centralizar os conteúdos das células de B2 até B5, é suficiente realizar a seguinte sequência de ações: posicionar o ponteiro do mouse no centro da célula B2; pressionar e manter pressionado o botão esquerdo do mouse; mover o mouse de forma a posicionar o seu ponteiro sobre o centro da célula B5; liberar o botão esquerdo do mouse; clicar .

Comentários

A células podem ser selecionadas a partir do clique com o botão esquerdo do mouse ou usando a tecla **Shift** combinada com as setas de direção. Para centralizar o conteúdo, basta clicar sobre o referido botão. Não há tecla de atalho para centralizar o conteúdo das células no Excel.

24. **(Cespe/MCTI/Técnico/2008)** O software Calc do BrOffice, apesar de criar tabela, não permite cálculo de média e mínimo, como no Excel.

Comentários

O Calc possui todas as funções do Excel e mais outras 120. Comparado à versão 2003, são 250 funções do Excel contra 370 do Calc.

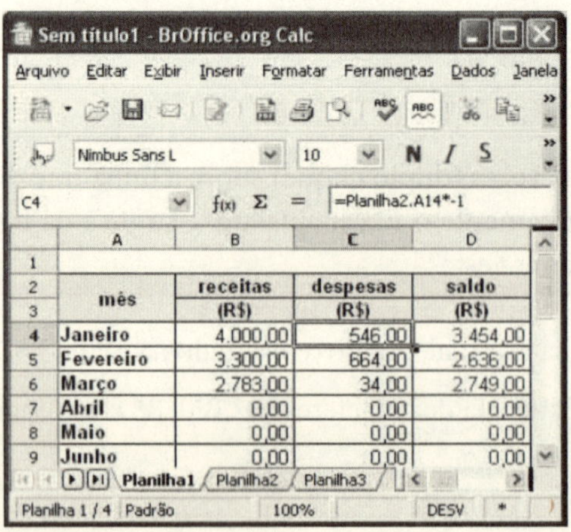

	A	B	C	D
1				
2	mês	receitas	despesas	saldo
3		(R$)	(R$)	(R$)
4	Janeiro	4.000,00	546,00	3.454,00
5	Fevereiro	3.300,00	664,00	2.636,00
6	Março	2.783,00	34,00	2.749,00
7	Abril	0,00	0,00	0,00
8	Maio	0,00	0,00	0,00
9	Junho	0,00	0,00	0,00

(Cespe/Banco do Brasil/Escriturário/2008) Com referência à janela do BrOffice.org Calc anteriormente apresentada, que contém planilhas em elaboração, julgue o item a seguir.

25. Na situação da planilha mostrada, é correto afirmar que a célula A14 da Planilha2 está preenchida com um valor igual a -546,00.

Comentários

Observe que C4 é a célula ativa na Planilha1 e que a Barra de Fórmula apresenta a fórmula =Planilha2.A14*-1. No BrOffice Calc, esse tipo de referência indica que o valor apresentado na célula ativa é igual ao valor da célula A14, da Planilha2 multiplicado por -1.

26. (Funcab/Sejus-RO/Analista de Sistemas/2010) No Microsoft Office Excel, qual expressão representa uma célula?

a) A1.
b) A1:A4.
c) =SOMA(A1:A4).
d) A.
e) 1.

Comentários

Por padrão, no Excel o endereço de uma célula é atribuído pela combinação Coluna e Linha, onde a colunas são representadas por letras e as linhas por números. Sendo assim, a expressão A1 representa a primeira célula da planilha. Primeira coluna e primeira linha.

É interessante saber que dependendo da versão, a quantidade de colunas e linhas mudam. Por exemplo, no Excel 2003 são 256 colunas, representadas de A até IV. Já no Excel 2007, esse número salta para 16.384 indo de A até XFD. Já o número de linhas no Excel 2003 é 65.536 e no Excel 2007 temos 1.048.576.

Sabendo que o caractere **:** (dois-pontos) quer dizer **até** e representa um intervalo de células. Para representarmos todo o conjunto de células de uma planilha, no Excel 2007, usaríamos A1:XFD1048576.

27. (Movens/Prefeitura de Manaus – AM/Analista-Administração/2010) Considere a planilha elaborada no Microsoft Excel 2007, apresentada a seguir.

	A	B
1	Meses	Atendimentos
2	jan/2010	1200
3	fev/2010	1520
4	mar/2010	890
5	abr/2010	720
6	mai/2010	570
7	jun/2010	1980
8	jul/2010	4310
9	ago/2010	2750
10	set/2010	5870
11	out/2010	6487
12	nov/2010	1457
13	dez/2010	

Dados históricos indicam que a expectativa de atendimento no mês de dezembro é a soma entre o maior volume do ano com 50% da média. Assinale a opção que apresenta a fórmula que deve ser utilizada na célula B13 para calcular a expectativa de movimento no mês de dezembro de 2010.

a) =MÁXIMO(B2:B12)+MÉDIA(B2:B12)/2;

b) =(MAIOR(B2:B12;2)+MÉDIA(B2:B12))/2;

c) =MAIOR(B2:B12;1)+MOD(MÉDIA(B2:B12); 2);

d) =MÁXIMO(B2:B12)-(MÉDIA(B2:B12)/50%);

Comentários

Para obtermos o maior valor presente em um intervalo de células, podemos utilizar a função **máximo** ou a função **maior**. No caso da função **máximo**, basta referenciar o intervalo de células.

Considerando a planilha apresentada, o maior valor seria dado pela fórmula =MÁXIMO(B2:B12). Usando a função maior, devemos usar a seguinte sintaxe =MAIOR(B2:B12;1), onde, o argumento 1 representa o "primeiro maior".

O enunciado cita "soma entre o maior volume do ano com 50% da média". 50% da média podem ser calculados simplesmente dividindo a média por dois. Logo, =MÉDIA(B2:B12)/2.

Dentre as fórmulas apresentadas,, também é utilizada a função MOD. Essa função é usada para apresentar o resto de uma divisão, após o número ter sido dividido. A sintaxe da função MOD é =MOD(Número;Divisor). Por exemplo, =MOD(3;2) é 1. =MOD(23;4) é 3. A fórmula proposta na alternativa C, onde temos =MOD(MÉDIA(B2:B12);2), calcula a média, depois divide por 2 e apresenta o resto desta divisão.

Observe as figuras a seguir do Excel 2000.

	A	B	C	D	E
1	COD	NOME	DATANASC	IDADE	SEXO
2	00001	JOANA CARVALHO	16/1/1974	33	F
3	00002	ANA NASCIMENTO	5/2/1988	19	F
4	00003	ANTONIO AQUINO SILVA	31/10/1994	12	M
5	00004	EDUARDO PINHEIRO	7/4/1994	11	M
6	00005	SAMANTHA SANTOS	17/8/1987	19	F
7	00006	PRISCILA PINHEIRO	5/4/1985	22	F
8	00007	JEFFERSON RIBEIRO	2/9/1994	12	M
9	00008	LUCIA ALVES	4/9/1988	18	F
10	00009	MARCOS DIAS	23/5/1985	22	M
11	00010	RONALDO SILVA	22/10/1985	21	M
12	00011	LUIS DE JESUS	22/2/1986	21	M
13	00012	DIEGO ALMEIDA	5/1/1993	14	M
14	00013	FLORA DAMASCENO	28/10/1993	13	F
15	00014	DANIELLE SANTOS	2/7/1988	19	F
16	00015	GABRIEL PINTO	16/11/1996	10	M
17	00016	ALINE JAGUARBE	30/11/1985	21	F
18	00017	RAFAEL COELHO	19/2/1990	17	M
19	00018	BIANCA VALADARES	5/3/1993	14	F
20	00019	JESSICA DE ABREU	11/8/1993	13	F

Cadastro / Resumo

Figura 1

	A	B
1		
2	Contar de SEXO	
3	SEXO	Total
4	F	10
5	M	9
6	Total geral	19
7		
8		

Cadastro / Resumo

Figura 2

28. **(Cesgranrio/EPE/Assistente Administrativo/2007)** Que recurso foi utilizado para gerar a planilha Resumo, na Figura 2, a partir da planilha Cadastro, da Figura 1?

a) Tabela Dinâmica.

b) Filtro.

c) Macro.

d) Formulário.

e) AutoFormatação.

Comentários

Relatório de Tabela Dinâmica é um poderoso recurso do Excel para resumo de dados e tomada de decisão. Ele permite visualizar de maneira resumida até milhares de dados dispostos em uma planilha. Tabelas Dinâmicas possibilitam novos modos de exibição com apenas alguns cliques do mouse. Para isto, basta o usuário modificar o layout para obter resultados diferentes.

29. **(Movens/Prefeitura de Manaus – AM/Analista-Direito/2010)** Considere um arquivo do Microsoft Excel 2007 que contém duas planilhas chamadas Controle e Processos. A célula G4 da planilha Controle deve fazer referência à célula F12 da planilha Processos, de forma que as duas fiquem sempre com o mesmo valor. Assinale a opção que apresenta o conteúdo da célula G4 da planilha Controle para se obter o efeito desejado.

a) =!Processos#F12;
b) =Processos!F12;
c) =Processos$F$12;
d) =@Processos@F12.

Comentários

Para fazer referência a célula de outra planilha, o Excel utiliza o caractere ! (exclamação), separando-se o nome da planilha do endereço da célula. Por exemplo: =Plan2!A1 busca o valor contido na célula A1, da planilha Plan2.

=Processos!**F12**que apresenta a referência correta para buscar o valor de F12 contido na planilha Processos.

30. (Copeve-Ufal/Assistente de Administração/2011) Analisando as afirmativas sobre o Microsoft Excel 2003,

I – Para abrir um arquivo que foi utilizado recentemente, o usuário poderá encontrá-lo na lista de arquivos do Menu Arquivo. Essa quantidade de arquivos listados é alterada no caminho: **Menu Ferramentas > Opções > Guia Geral**.

II – Os botões 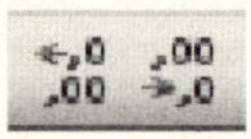, são respectivamente utilizados para aumentar e diminuir a quantidade de casas decimais em uma célula.

III – O botão , é utilizado para efetuar uma classificação decrescente. verifica-se que

a) todas são verdadeiras.
b) apenas I é verdadeira.
c) apenas I e II são verdadeiras.
d) apenas II e III são falsas.
e) apenas I e III são falsas.

Comentários

O Excel 2003 mostra, no menu Arquivo, os quatro últimos arquivos que foram abertos. Para alterar esta quantidade, basta seguir os passos descritos no item I. Já no Excel 2007/2010, deve se clicar no Botão Office (menu Arquivo, no 2010) e em seguida clicar em **Opções** e **Avançado** e alterar a quantidade em **Mostrar este número de Documentos Recentes**.

Os botões descritos no item II são realmente usados para Aumentar Casas Decimais e Diminuir casas decimais.

Já o botão apresentado no item III faz apenas a classificação crescente. Para classificação decrescente deve ser usada a ferramenta 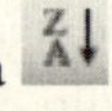.

CAPÍTULO 5

Apresentação de Slides Microsoft PowerPoint e BrOffice Impress

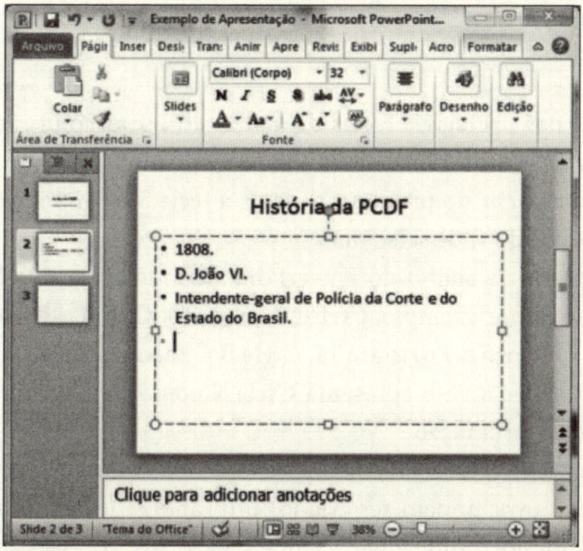

(Cespe/PCDF/Agente de Polícia/2013) Considerando a figura acima, que ilustra parte de uma janela do PowerPoint 2010 com uma apresentação em processo de edição, julgue o item abaixo.

1. A ferramenta correspondente ao botão 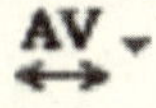 pode ser usada em uma sequência de ações para se ajustar o espaçamento entre caracteres de um texto da apresentação que for selecionado.

Comentários

A ferramenta mencionada na questão refere-se ao **Espaçamento entre Caracteres** e pode ser ajustada para os formatos: Muito justo, Justo, Normal,

Afastado, Muito Afastado ou, se preferir, clique em Mais espaçamentos e faça uma configuração personalizada.

2. **(Consulplan/Pref. Santa Maria Madalena-RJ/2010)** Considerando o recurso de teclas de atalho na utilização do Microsoft PowerPoint, assinale a opção que descreve uma função incorretamente:

a) Shift + F5 – Iniciar a apresentação a partir do slide selecionado.
b) Ctrl+N – Inserir novo Slide.
c) F7 – Verificar Ortografia.
d) Ctrl+P – Imprimir.
e) Ctrl+D – Criar novo slide igual ao selecionado.

Comentários

Algumas das principais teclas de atalho do PowerPoint são F5 e Shift+F5. O candidato deve estar muito atento para não confundi-las. A tecla F5 inicia a apresentação a partir do primeiro slide. Já a tecla Shift+F5 inicia o modo apresentação a partir do slide selecionado.

Muitas teclas de atalho do PowerPoint são idênticas àquelas utilizadas no Microsoft Word, por exemplo, **Ctrl+N = negrito**, **Ctrl+I = itálico**, **Ctrl+S = sublinhado**, **F7 = verificar ortografia**, **Ctrl+B = Salvar**, **Ctrl+P = imprimir**, dentre outras. A alternativa **b** apresenta **Ctrl+N** como uma forma de inserir novo slide em uma apresentação.

No entanto, **Ctrl+N** é utilizada para criar uma nova apresentação (novo arquivo). Slides novos podem ser criados utilizando a tecla de atalho **Ctrl+M**. Já **Ctrl+D** cria um novo slide igual ao slide selecionado, ou seja, duplica-o.

3. **(Cespe/IFB/Cargos de Nível Médio/2011)** Apresentações que foram salvas em arquivos no formato Microsoft PowerPoint, não podem ser exibidas com o uso da ferramenta Impress do BrOffice.

Comentários

O Impress é totalmente compatível com o PowerPoint, sendo uma excelente alternativa para criação de apresentações em slide. Além do formato próprio **.odp**, o Impress também lê e salva arquivos em formatos típicos do Powerpoint como .ppt, .pps e .pptx.

O PowerPoint 2003 e versões anteriores; por sua vez, não abre arquivos gerados no formato do OpenOffice. Já a versão 2007 e posteriores, salvam, editam e reconhecem os formatos do BrOffice Impress sem problemas.

O Impress não exibe apresentações criadas no PowerPoint.

4. **(Cesgranrio/Petrobras/Profissional Júnior de Direito/2010)** O funcionário de uma empresa criou, a pedido de seu diretor, uma apresentação no PowerPoint 2003 para ser exibida em uma reunião, contendo vários slides. Posteriormente, foi solicitado a este funcionário que alterasse a ordem dos slides dentro da apresentação. Qual é o procedimento a ser executado pelo funcionário para atender a essa solicitação?

a) Deletar os slides a serem alterados e recriá-los no fim da apresentação, indicando a nova ordem.
b) Selecionar uma ou mais miniaturas de slide na guia Slides, no modo de exibição Normal, e arrastar a seleção para o novo local.
c) Selecionar o modo de exibição Visualizar impressão, no menu Janela, e renumerar os slides.
d) Selecionar a opção Layout do Slide, no menu Formatar, e escolher a nova ordem dentre as sugeridas.
e) Selecionar Grades e guias, no menu Exibir, e realocar os slides na ordem correta.

Comentários

Para alterar a ordem dos slides em uma apresentação, basta arrastá-los para uma nova posição. O ideal é que esse procedimento seja realizado no modo de exibição **Classificação de Slides** ou no modo **Normal**, clicando na guia **Slides**.

5. **(Cespe/TRE-AP/Analista Judiciário - Tecnologia da Informação/2007)** Assinale a opção que contém um procedimento correto que permite configurar as opções de avanço para o próximo slide em uma apresentação em PowerPoint.

a) Acionar a opção Predefinir animação do menu Apresentações.
b) Acionar a opção Personalizar animação do menu Apresentações.
c) Acionar a opção Apresentações do menu Ferramentas.
d) Acionar a opção Transição de slide do menu Apresentações.
e) Acionar a opção Exibir apresentação do menu Ferramentas.

Comentários

A transição de slide é um efeito que é colocado no slide (folha) que vai aparecer sempre que for passar de um para outro durante a apresentação. Esses efeitos de transição podem vir sozinhos ou acompanhados por efeitos de som. No Powerpoint 2003, para aplicar uma transição, basta clicar no menu **Apresentações** e **Transição de Slides**; surgirá, então, o painel de Transição de Slides à direita da tela. No painel, o usuário poderá configurar: Sem transição; abaixo você escolhe a transição que vai colocar no slide que está aparecendo na tela.

Velocidade: opções para escolher a velocidade com que a transição será aplicada.

Som: pode-se escolher um som para aparecer juntamente com a transição, ou seja, quando for passar de um slide para outro, no modo de Apresentação.

Avançar slide: aqui pode-se escolher como os slides vão avançar durante a exibição; se vão passar de um para outro sozinhos "automaticamente após" ou manualmente "ao clicar com o mouse"; nessa última opção, é necessário ficar clicando com o mouse para que a apresentação avance de um slide para outro.

Ao optar-se por usar o comando "automaticamente após", deve-se definir um tempo de espera entre a exibição de um slide e a exibição do outro. Esse tempo, em segundos, deve ser digitado na caixa abaixo do comando "automaticamente após".

OBSERVAÇÃO!

O Power Point não aplica a transição a todos os Slides de uma só vez. Ao definir uma forma de transição, essa será aplicada apenas ao Slide selecionado. Para que essa mesma transição seja aplicada a todos os slides da apresentação, você deve clicar no botão [Aplicar a todos os slides].

6. **(Vunesp/SAP-SP/Oficial Administrativo/2011)** No programa Microsoft PowerPoint 2003, em sua configuração padrão, o menu em que está localizada a opção Transição de Slides é

a) Apresentações.

b) Editar.

c) Inserir.

d) Ferramentas.

e) Janela.

Comentários

Conforme vimos na questão anterior, a opção Transição de Slides encontra-se no menu Apresentações. No PowerPoint 2007, a opção está disponível no menu (guia) Animações e na versão 2010 há uma guia específica chamada Transição de Slides.

7. **(Cesgranrio/Petrobras/Técnico de Administração e Controle Júnior/2011)** O Microsoft Office PowerPoint 2007 tem como objetivo a criação e edição de apresentações. Sobre esse aplicativo, analise as afirmações a seguir.
   I – É possível editar a Barra de Status para que seja nela apresentado o valor do zoom em que o slide corrente está sendo exibido.
   II – É possível reutilizar slides de outras apresentações apenas quando se abrem essas apresentações e se utilizam as opções copiar e colar.
   III – É possível salvar a apresentação como uma página de Internet (.html), o que faz com que o arquivo gerado deixe de poder ser editado dentro do Microsoft Office PowerPoint.
   IV – É possível exportar os tópicos de uma apresentação para um arquivo no formato RTF.
   V – É possível alterar a fonte de texto das Caixas de Texto, inseridas em uma apresentação.

   Está correto apenas o que se afirma em
   a) I, II e III.
   b) I, III e V.
   c) I, IV e V.
   d) II, III e IV.

Comentários

Item **I**: certo: é possível personalizar a Barra de Status de todos os aplicativos Microsoft Office 2007. Basta clicar com o botão direito do mouse sobre ela e escolher que itens deseja-se exibir. Esta ação vale para o Word, Excel, PowerPoint etc.

Item **II**: errado: todos os programas que permitem algum tipo de edição, também permite acessar o comando "Salvar como". Este comando é muito útil para aproveitar partes de documento anterior e salvá-lo com um novo nome. Ou seja, não é preciso sempre usar o recurso **copiar e colar** para aproveitar partes de documentos anteriores.

Item **III**: errado: os aplicativos Microsoft Office permitem salvar o documento em diversos formatos, em HTML, inclusive. Embora permitam que documentos com essa extensão sejam visualizados em um navegador de Internet, eles poderão ainda ser editados no mesmo programa em que foram salvos. Ou seja, pode-se salvar apresentações do PowerPoint em HTML sem precisar sair do PowerPoint para editá-la.

Item **IV**: certo: a guia Tópicos contém apenas o texto de uma apresentação feita no PowerPoint. Ao acionar o comando "Salvar Como" e escolher como "Tipo de Arquivo: Estrutura de Tópicos/RTF", o texto da apresentação será salvo em um arquivo no formato RTF e poderá ser aberto em um editor de textos, como o Writer, Word ou Impress. Porém, tabelas e elementos gráficos contidos na apresentação não estarão disponíveis nesse formato.

Item **V**: certo: nos slides criados no PowerPoint, todo o texto é exibido em caixas de texto e pode ser formatado como qualquer outro texto, inclusive alterando o tamanho da fonte.

8. **(Cespe/Câmara dos Deputados/Analista - Técnico em Material e Patrimônio/2012)** Com o objetivo de criar trilhas sonoras em eslaides, o PowerPoint permite a inclusão de áudio em apresentações e, a partir da versão 2010, podem ser utilizados arquivos de áudio no formato MP3. Porém, essas trilhas sonoras, quando aplicadas, deverão abranger toda a apresentação, não sendo permitido restringir a aplicação a apenas uma parte dela.

Comentários

Estranhou o termo **eslaide**? O Cespe não gosta de usar estrangeirismos em suas provas. Portanto, termos como **eslaide**, **escâner**, **sítios** são comuns em suas provas. Bom, fora isso, o item traz alguns dados incorretos.

Primeiro, afirma que o PowerPoint permite a inclusão de áudio MP3 só a partir da versão 2010, mas este recurso já existia na versão 2003.

Segundo, afirma que o áudio deverá abranger toda a apresentação. Na verdade, o formato-padrão executa o áudio apenas no slide onde foi inserido. Para mantê-lo em execução até o final da apresentação, o usuário deverá personalizar a apresentação.

9. **(Cespe/IFB/ Cargos de Nível Médio/ 2011)** Apresentações que foram salvas em arquivos no formato Microsoft PowerPoint, não podem ser exibidas com o uso da ferramenta Impress do BrOffice.

Comentários

O BrOffice Impress é totalmente compatível com o PowerPoint. Além do formato próprio, **.odp**, o Impress também lê e salva arquivos no formato **.ppt** e **.pptx.**

O PowerPoint, por sua vez, só reconhece os arquivos gerados no formato do OpenDocument (BrOffice, OpenOffice e LibreOffice) a partir da versão 2007, com Service Pack 2 instalado.

10. (FCC/Banco do Brasil/Escriturário/2011) Gravar narração e Cronometrar são opções que pertencem, respectivamente, ao menu

a) Ferramentas do Impress e Apresentações do PowerPoint.
b) Apresentações do PowerPoint e Apresentação de slides do Impress.
c) Exibir e Apresentações do Impress.
d) Editar e Apresentações do PowerPoint.
e) Editar do PowerPoint e Apresentação de slides do Impress.

Comentários

Conforme podemos ver na figura a seguir, o comando Gravar Narração está localiza-se no menu (guia) Apresentação de Slides, no PowerPoint 2007. Na versão 2003, o menu era apresentado apenas com o nome Apresentações. Já o comando Cronometrar está presente no menu Apresentações de Slides no Impress. Note ainda que no PowerPoint, o comando equivalente a cronometrar é Testar Intervalos.

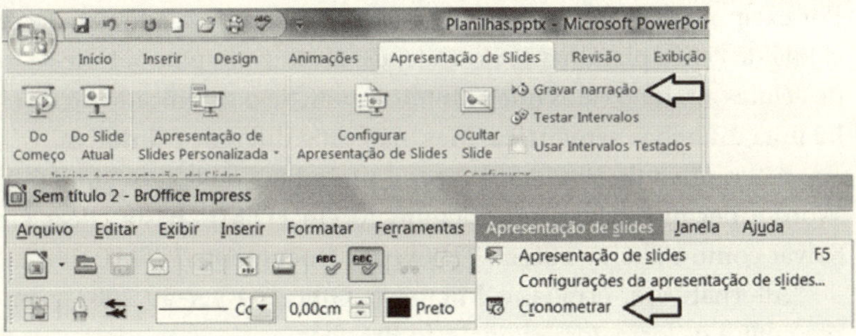

11. (Cespe/TRE-MA/Analista Judiciário/2009) Com relação aos aplicativos do ambiente BR Office, assinale a opção correta.

a) O Impress, que reconhece arquivos com extensão .odt, é a ferramenta do BR Office utilizada para a criação de documentos, de forma equivalente ao aplicativo Microsoft Office Word.
b) O BR Office é um software gratuito e livre, sendo encontrado em versões que podem ser executadas em diferentes plataformas de hardware e sistemas operacionais, incluindo Linux e Windows.

c) O Calc é o software do BR Office usado para a edição de tabelas e cálculos de fórmulas, de forma semelhante ao Excel, mas que possui recursos próprios para a sintaxe das fórmulas e regras de cálculo diferentes das utilizadas no Microsoft Office Excel.

d) O Writer é um editor de texto do BR Office cuja única limitação é não permitir a edição de documentos em código HTML.

e) Um documento armazenado em arquivo no formato nativo padrão .odt do BR Office pode ser aberto por qualquer software do ambiente BR Office e também pelo Microsoft Office.

Comentários

Alternativa **a**: errada: o Impress equivale ao PowerPoint e não ao Word, seu formato de arquivo padrão é o ODP.

Alternativa **b**: certa: o BrOffice é um software gratuito, código aberto (livre) e também multiplaforma. Ou seja, pode ser executado em diferentes sistemas operacionais, como: Linux, Windows, Mac/OS, FreeBSD e Solaris.

Alternativa **c**: errada: as funcionalidades do Calc são extremamente parecidas com o Excel. Embora, alguns operadores se diferenciem do Excel, isso não muda a estrutura das fórmulas, ou seja, a sintaxe é mantida. Quando se fala em operadores, referimo-nos a símbolos próprios para a construção de fórmulas. Alguns poucos símbolos têm significados diferentes entre os dois programas. Por exemplo, o caractere **!** (exclamação), no Excel é usado para se referir a uma célula de outra planilha. Já no Calc, ele é utilizado para referir-se à intersecção de células em intervalos que se interceptam. Se o significado do operador muda, há uma diferença **semântica**. Mas, não uma diferença **sintática**.

Alternativa **d:** errada: o Writer é um editor de textos, similar ao Microsoft Word e permite salvar um documento em HTML, basta clicar em Arquivo / Salvar como e alterar a seção TIPO para Documento HTML.

Alternativa **e:** errada: o Microsoft Office na versão 2003 e anteriores não reconhece os formatos originais do BrOffice.

12. **(Cespe/MCT/Analista/2008)** Para criar um slide no PowerPoint com as informações apresentadas nas janelas do Excel e do Word, é necessário copiar a planilha do Excel para o Word e posteriormente para o slide.

Comentários

O conteúdo copiado do Excel pode ser colado diretamente no PowerPoint, não há a menor necessidade de se colar no Word primeiro.

13. (Cespe/Caixa/2010) A respeito dos modos de utilização de aplicativos do ambiente MS Office, assinale a opção correta.

a) Ao se clicar no nome de um documento gravado com a extensão .xls a partir do Meu Computador, o Windows ativa o MS Access para a abertura do documento em tela.

b) As opções Copiar e Colar, que podem ser obtidas ao se acionar simultaneamente as teclas, Ctrl + C e Ctrl + V respectivamente, estão disponíveis no menu Editar de todos os aplicativos da suíte MS Office.

c) A opção Salvar Como, disponível no menu das aplicações do MS Office, permite que o usuário salve o documento correntemente aberto com outro nome. Nesse caso, a versão antiga do documento é apagada e só a nova versão permanece armazenada no computador.

d) O menu Exibir permite a visualização do documento aberto correntemente, por exemplo, no formato do MS Word para ser aberto no MS PowerPoint.

e) Uma das vantagens de se utilizar o MS Word é a elaboração de apresentações de slides que utilizem conteúdo e imagens de maneira estruturada e organizada.

Comentários

Alternativa **a:** errada: o simples fato de clicar no nome de um documento gravado com extensão .xls, apenas fará com que esse arquivo fique selecionado. Considerando ainda a possibilidade de clicar duas vezes (clique duplo) sobre o mesmo, executará o Excel que é o programa padrão para este tipo de documento.

Alternativa **b:** certa: as teclas mais cobradas e conhecidas em concursos públicos são Ctrl + C e Ctrl+V e referem-se, respectivamente, aos comandos Copiar e Colar da Área de Transferência. Tradicionalmente, esses comandos são apresentados no menu Editar pela maioria dos programas que são executados em ambiente Windows. Embora o item esteja correto, vale ressaltar que no Office 2007/2010 os comandos da Área de Transferência encontram-se disponível na guia Início (Página Inicial).

Alternativa **c:** errada: quando um arquivo é salvo com outro nome, o que pode perfeitamente ser realizado com o comando Salvar Como, não se perde a versão anterior do mesmo arquivo.

Alternativa **d:** errada: o menu Exibir permite que os documentos possam ser visualizados em diferentes modos de exibição dentro do mesmo aplicativo e não em outro programa como o item sugere. Por exemplo, no Word 2003 pode-se optar por visualizar o documento como Layout da Web, Layout de Impressão, Estrutura de Tópicos, Normal ou Layout de Leitura.

Alternativa **e:** o PowerPoint é o aplicativo do MSOffice próprio para a confecção de apresentações em slides.

14. (Cespe/MCT/2008) A ferramenta  possui a função de iniciar a apresentação em elaboração no Power Point.

Comentários

A ferramenta apresentada é o botão Visualizar Impressão, o botão que inicia a apresentação no PowerPoint é .

15. (Cespe/MCT/2008) Para se efetuar correções na grafia das palavras, é necessário copiar o conteúdo do slide para o Word, já que essa funcionalidade é exclusiva desse programa.

Comentários

Os aplicativos Word, Excel e PowerPoint, todos do Microsoft Office, possuem o recurso de verificação ortográfica e gramatical.

CAPÍTULO 6

Noções sobre Internet e Intranet

1. **(Cespe/PCDF/Agente de Polícia/2013)** Exames em dispositivos de armazenamento computacional consistem na análise de arquivos, sistemas e programas instalados em diversos dispositivos de armazenamento físicos. Esses exames, geralmente, não são aplicáveis na identificação e no processamento de informações armazenadas por computação em nuvem, dada a impossibilidade de acesso aos dispositivos físicos de armazenamento.

Comentários

Esta questão deve ser analisada com certa cautela. Muitos candidatos podem acreditar que basta uma busca realizada junto ao provedor de acesso e, prontinho: todos os dados do estarão à mão. Mas, notem: alguém que quer agir de má-fé e não ser desmascarado tem a computação de nuvem como um ambiente ideal para a aplicação de seus golpes.

Rastrear dados armazenados na grande nuvem da internet é o desafio forense da Segurança em Tecnologia da Informação, na atualidade. Os dados armazenados em nuvem podem estar em diversos servidores espalhados por países diferentes, se imaginarmos um cenário onde um serviço na nuvem (SaaS), acessado por uma conta falsa, usando um modo de navegação privativa e salva em um servidor virtual, localizado em um país com sérias restrições de acesso ou ainda no caso de um ataque DDoS (Distribued Denial of Service).

Como ocorre em diversos golpes e ações criminosas praticadas na internet, a soma desses fatores tornaria praticamente impossível rastrear os dados na nuvem. Além disso, não existem métodos forenses cem por cento infalíveis, tornando difícil comprovar a veracidade diante de um tribunal, além do mero argumento de que o acusado simplesmente poderia alegar um roubo de senhas.

2. **(Cespe/PCDF/Escrivão de Polícia/2013)** No SkyDrive, arquivos criados no pacote Microsoft Office podem ser diretamente manipulados em qualquer plataforma, sem a necessidade de instalação de aplicativos adicionais.

Comentários

O Skydrive é um serviço de armazenamento em nuvem e permite que qualquer tipo de arquivo seja armazenado, mas para manipular um arquivo é necessário ter o programa que reconheça o formato do arquivo e permita sua alteração.

Os documentos criados no Microsoft Office podem ser editados online usando o Microsoft Office 365, disponível e acessado na página do SkyDrive, a partir dos programas Word, Excel ou PowerPoint Web App. Ou seja, sim, é possível editar os arquivos armazenados no SkyDrive sem instalar aplicativos adicionais, usando apenas a plataforma da Web. No entanto, essa manipulação é um recurso do Office 365 e não do SkyDrive. Ou seja, há uma questão conceitual envolvida.

O SkyDrive deve ser entendido como o meio no qual os arquivos estão armazenados, já o aplicativo Web App é o programa no qual esse arquivo pode ser editado. Podemos perfeitamente fazer uma analogia ao disco rígido local de seu computador e os arquivos salvos nele, onde, o HD não é responsável pela edição de documentos e sim o aplicativo editor instalado na máquina.

3. **(Funiversa/PMDF/Soldado/2013)** Intranet é o nome dado a uma rede de computadores privada que utiliza protocolos e outras tecnologias próprias da Internet. Aplicações como abertura de chamados técnicos, atualizações de dados funcionais e acesso a notícias internas podem ser disponibilizadas na intranet de uma empresa. Considerando essa afirmação, assinale a alternativa que apresenta afirmação correta a respeito de uma intranet.

a) A venda de produtos via web é disponibilizada por meio da intranet de uma empresa

b) Os jornais e as revistas de circulação nacional tem usado a intranet como meio de divulgação via web.

c) A troca de mensagens de correio eletrônico depende de acesso à intranet da empresa.

d) As aplicações da intranet são de acesso restrito dos colaboradores de uma empresa

e) Os home bankings são exemplo de aplicações seguras das intranets.

Comentários

Intranet pode ser entendida como uma rede de computadores privada que funciona usando os mesmos programas e protocolos de comunicação da internet. Ou seja, pode-se dizer que intranet é como uma versão privada da internet, mas sem comunicação com a rede pública (internet). Intranet só pode ser acessada dentro do ambiente organizacional.

O acesso à intranet a partir de um meio externo, como, por exemplo, por meio do site da organização, dá-se o nome de extranet. Sendo assim, acessar uma área privada de site, para acesso a informações da rede interna de uma organização pode ser entendido como extranet.

As aplicações da intranet são de acesso restrito dos colaboradores de uma empresa.

4. **(Cespe/TRT 10ª Região/Nível Superior/2013)** Os grupos de discussão são um tipo de rede social utilizada exclusivamente por usuários conectados à Internet.

Comentários

Grupos de discussão também são conhecidos por **Lista de discussão** ou **Fórum**. Trata-se de uma ferramenta gerenciável pela internet ou intranet que permite a um grupo de pessoas a troca de mensagens via e-mail entre todos os membros do grupo. Basicamente, o que ocorre é o cadastramento do usuário na lista, em um dos sites que oferecem o serviço gratuitamente, e após, no cadastramento de membros. Uma mensagem escrita por um dos membros e enviada para a lista replica automaticamente na caixa postal de cada um dos cadastrados.

(Cespe/Ministério da Integração Nacional/Técnico de Nível Médio/2013) A figura acima mostra uma janela do navegador Internet Explorer aberta em um computador equipado com o sistema operacional Windows 7. A respeito dessa janela e de conceitos e aplicativos associados à Internet, julgue os itens seguintes.

5. Na situação mostrada na figura, ao se clicar a ferramenta , será acionado o modo anônimo de navegação, que evita que o navegador guarde, no histórico, as páginas da Web visitadas.

Comentários

O modo de navegação anônima no Internet Explorer é chamado de Navegação InPrivate e pode ser acionado pela tecla de atalho Ctrl+Shift+P ou clicando em Segurança Navegação InPrivate. No navegador Google Chrome esse tipo de navegação é chamado de Navegação Anônima e acionado pela tecla de atalho Ctrl+Shift+N.

6. Na situação mostrada na figura, ao se clicar o botão , será aberto uma aplicativo de correio eletrônico que permitirá o envio de uma mensagem ao responsável pela página da Web atualmente em exibição (www.unb.br).

Comentários

O botão é utilizado para acessar a home page, ou seja, a página inicial que pode envolver um ou vários endereços de páginas pré-definidos.

7. Na situação mostrada na figura, ao se clicar o botão , será iniciado procedimento de análise da confiabilidade da página da Web em exibição, que procurará avaliar o risco de infecção do computador por vírus ou outras ameaças digitais.

Comentários

O botão é utilizado para ajuste de alguns controles como zoom, exibir downloads e gerenciar complementos. Além de configuração de vários aspectos do navegador. Essas configurações também poderão ser acionadas ainda clicando no menu Ferramentas / Opções da Internet. Ao clicar no ícone, aparecerá o menu representado na figura a seguir.

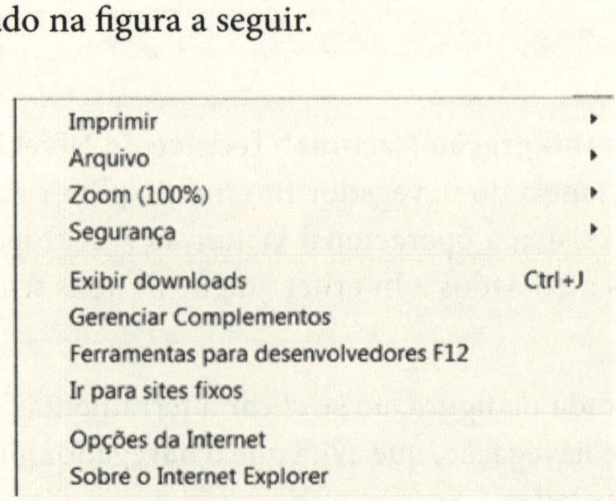

8. **(Cespe/TRT 10ª Região/Nível Superior/2013)** Uma mensagem enviada através do Outook Express pode ser lida pelo destinatário final no Mozilla Thunderbird.

Comentários

Gerenciador de E-mail – também conhecido como aplicativo Cliente de E-Mail é um software instalado e configurado na máquina do usuário para receber e-mail, ou seja, é uma ferramenta local para envio e recebimento de mensagens.

Ex.: Outlook, Outlook Express, Pegasus Mail, Eudora e Mozilla Thunderbird.

Qualquer aplicativo de e-mails lê mensagens enviadas por outro aplicativo.

9. **(Cespe/TRT 10ª Região/Nível Médio/2013)** Arquivos anexados a mensagens de e-mail podem conter vírus, que só contaminarão a máquina se o arquivo anexado for executado. Portanto, antes de se anexar um arquivo a uma mensagem para envio ou de se executar um arquivo que esteja anexado a uma mensagem recebida, é recomendável, como procedimento de segurança, executar um antivírus para identificar possíveis contaminações.

Comentários

O ideal é manter o software antivírus sempre ativo e atualizado. Desde o momento em que se liga o computador e efetua o boot do sistema operacional, o antivírus deve estar ativo, agindo como um verdadeiro "cão de guarda", pois há muitos vírus que afetam a inicialização do sistema.

Já os vírus enviados como anexos de mensagens de e-mails, só comprometerão o funcionamento do computador se tiverem sido executados. Caso contrário, basta excluir a mensagem como de se evitar sua propagação.

10. **(Cespe/TRT 10ª Região/Nível Médio/2013)** Por ser um sistema operacional aberto, o Linux, comparativamente aos demais sistemas operacionais, proporciona maior facilidade de armazenamento de dados em nuvem.

Comentários

Não há nenhuma relação com o fato do Linux ser um sistema operacional de código aberto e facilidades da gravação de dados em nuvem.

Sistema de código aberto proporciona a possibilidade de modificação e aperfeiçoamento do software. Já os sistemas proprietários, como o Windows, não possibilitam que tais alterações sejam realizadas.

11. **(Cespe/TRT 10ª Região/Nível Médio/2013)** O Windows Explorer do Windows 8 possibilita que o usuário salve um arquivo em nuvem por meio da opção Salvar na Nuvem, que pode ser acessada ao se clicar o menu Arquivo.

Comentários

No Windows 8, o nome Windows Explorer foi substituído por Explorador de Arquivos e o procedimento que permite salvar na nuvem está relacionado ao SkyDrive. É que quando se utiliza o Windows 8 ou Windows RT, o logon está vinculado a uma conta da Microsoft, o computador usado conecta-se à nuvem e tudo o que é importante pode ser disponibilizado onde quer que se vá no SkyDrive.

Dessa forma, qualquer dispositivo, seja computador, notebook ou telefone pode ser sincronizado para que se possa acessar arquivos. Inicialmente, o espaço disponibilizado é de 7 GB, e o procedimento para gravação desses dados é feito pelo movimento de arrastar para o aplicativo SkyDrive e não pelo do menu Arquivo, do Explorer.

12. **(Cespe/TRT 10ª Região/Nível Médio/2013)** O Outlook Express permite o envio de uma mensagem a um usuário, com cópia oculta para diversos outros usuários simultaneamente.

Comentários

Uma mensagem de e-mail com cópia oculta permite o envio de mensagens a vários destinatários sem que um saiba da existência do outro. Para isso, basta que os endereços de email dos destinatários ocultos sejam preenchidos no campo Cco ou Bcc, de seu aplicativo gerenciador de e-mail. Como o Outlook Express é um aplicativo gerenciador de e-mail, ele também possibilita o uso desse recurso.

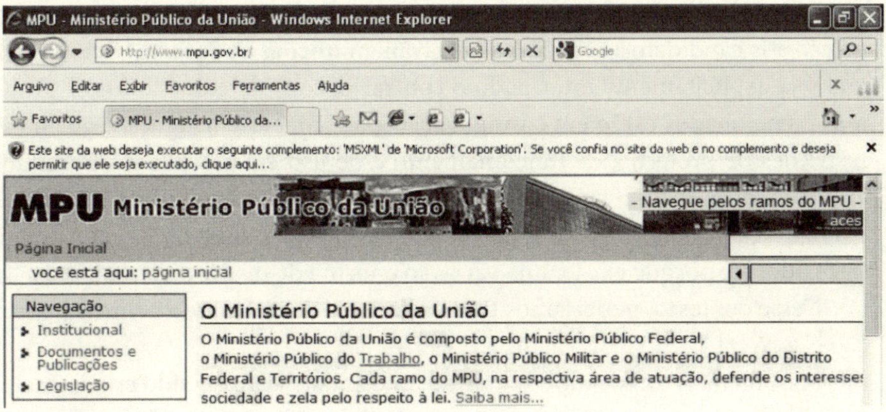

(Cespe/MPU/Técnico Administrativo/2013) Considerando a situação mostrada na figura acima, que reproduz arte de uma janela do MPU no Internet Explorer, julgue os itens seguintes.

13. O complemento MSXML, exibido como alerta na página acima, indica a existência de vírus, não devendo, portanto, ser executado.

Comentários

O MSXML é um editor de scripts XML da Microsoft. Ou seja, trata-se de um software complementar ao navegador Internet Explorer. A mensagem apresentada no topo da página acessada é um alerta que solicita permissão para instalar esse complemento. Portanto, não se trata de uma ameaça, não há indicação de vírus.

14. O navegador Internet Explorer não pode ser executado no sistema operacional Linux, visto ter sido criado exclusivamente para ser executado no ambiente Windows.

Comentários

Pode parecer simples, mas esta é uma questão bem polêmica. Vamos analisar a primeira afirmação: "O navegador Internet Explorer não pode ser executado no sistema operacional Linux". Sim, ele pode, mas, depende da instalação de algum tipo de complemento. Para que programas desenvolvidos para ambiente Windows rodem no Linux é bastante utilizado o Wine, programa que atua como uma espécie de tradutor, permitindo a "conversação" entre aplicativos Windows e o sistema operacional Linux. Mas, note-se que esse recurso não é nativo do Linux!

Como de costume, o Cespe destaca nas orientações iniciais a seguinte informação aos candidatos: "Nos itens que avaliam **noções de informática**, a menos que seja explicitamente informado o contrário, considere que todos os programas mencionados **estão em configuração-padrão**, em português, e que não há restrições de proteção, de funcionamento e de uso em relação aos programas, arquivos, diretórios, recursos e equipamentos mencionados". Ora, se estão em configuração-padrão, não é possível afirmar que o Linux venha com o Wine instalado, até porque existe uma variação enorme de distribuições Linux.

Nesse contexto, poderíamos tranquilamente afirmar que a primeira afirmação é correta!

Mas, há mais um detalhe: o item afirma ainda: "visto ter sido criado exclusivamente para ser executado no ambiente Windows". A Microsoft sempre desenvolveu o navegador Internet Explorer para ser executado em ambiente Windows, e praticamente só para ele. Mas, em 2003 foi criada a versão 5.3 para Mac/OS. Só que esta versão foi descontinuada. Bom, daí você talvez esteja pensando: "Hum, então o item é errado porque afirma 'ter sido criado exclusivamente para ser executado no ambiente Windows'". Eu não diria isso com tanta segurança! Porque inicialmente, o enunciado da questão aponta: Considerando a situação mostrada na figura acima. A figura apresenta o Internet Explorer 8.0 e este só foi desenvolvido para o Windows.

Acredito que o examinador foi um pouco imprudente ao não observar tantos detalhes, tornando uma questão simples de ser resolvida, numa questão confusa.

Segundo a banca, o item está errado, ou seja, o posicionamento foi mais simples que a quantidade de argumentos que poderia ter sido apresentada.

---

15. Ao se clicar a opção 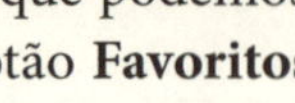

, é possível adicionar a página do MPU à lista de endereços favoritos.

Comentários

Esse é um item que podemos classificar como **motivacional,** fácil demais! Ao clicar sobre o botão **Favoritos** surgirá um menu onde se tem a opção Adicionar a Favoritos, uma lista dos sites prediletos onde o usuário poderá incluir a página atual.

---

16. **(Cespe/CNJ/Nível Médio/2013)** No Sistema Windows, a opção meus locais de rede permite visualizar, se estiverem devidamente configurados, locais de rede que podem ser acessados, assim como atalhos para servidores de rede, web e FTB.

Comentários

É possível usar o Assistente para Adicionar um Local de Rede para criar um atalho para um site da Web, um site FTP ou outro local de rede. Mas, lembre-se que para criar um novo local de rede, é preciso ter as permissões necessárias para acessar o recurso de rede. Embora o item esteja correto, o edital do CNJ previa o uso do Windows 7.

No Windows 7 não existe um item chamado "Meus Locais de Rede", este nome era usado no Windows XP. Desde o Windows Vista que o nome foi alterado para "Central de Rede e Compartilhamento".

O problema dessa questão foi, provavelmente, um erro material. O item apresenta a sigla FTB quando deveria, na verdade, apresentar FTP (File Transfer Protocol).

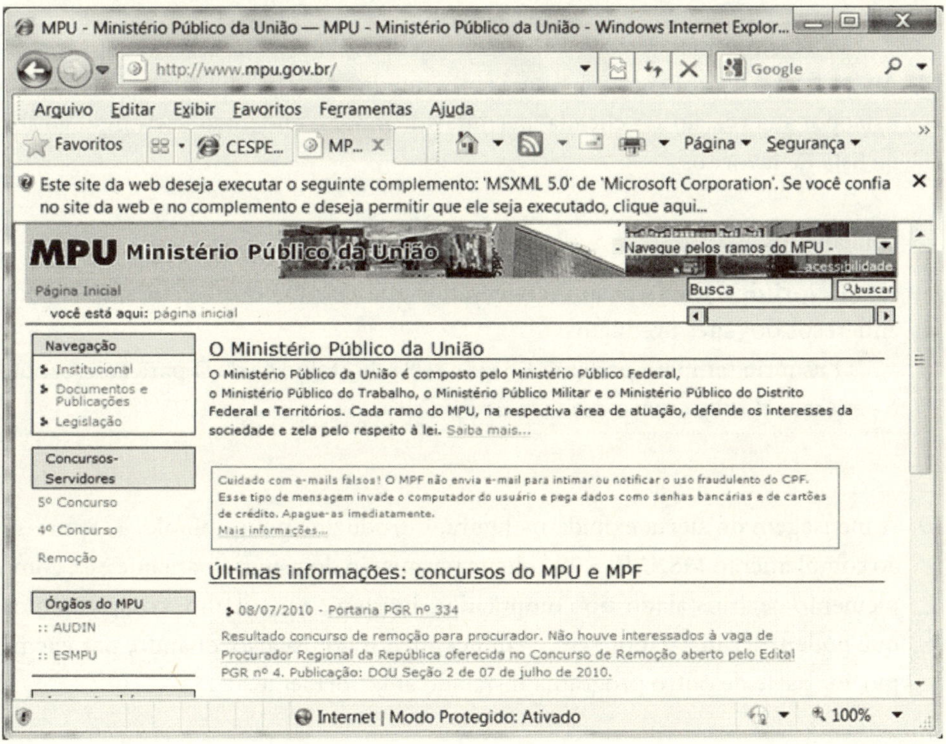

(Cespe/MPU/Analista de Estatística - Perito/2010) A figura acima mostra uma janela do IE 8.0 aberta em um computador com o Windows XP e conectado à Internet. Com base nessa figura, julgue os itens que se seguem, acerca da utilização de tecnologias, ferramentas, aplicativos e procedimentos associados à Internet.

17. Ao se digitar uma palavra na caixa de pesquisa Busca buscar e, em seguida, pressionar e manter pressionada a tecla Alt e, na sequência pressionar a tecla Enter, serão exibidos, em nova guia, os resultados da pesquisa realizada em todos os sítios da Web em que essa palavra foi encontrada.

Comentários

A busca, neste caso, será feita apenas dentro do site (sítio) do próprio MPU e não "em todos os sítios da web", conforme citado. Se a ferramenta de busca apresentada fosse Google, o item estaria certo. A busca seria feita em toda a web e caso o procedimento fosse digitar uma palavra, manter a tecla Alt pressionada e teclar Enter, o resultado da referida busca seria apresentada em uma nova guia do navegador.

18. Ao se clicar o botão Favoritos, será apresentada a opção Adicionar a Favoritos... Esta, por sua vez, ao ser clicada, permite adicionar o endereço www.mpu.gov.br na lista de favoritos.

Comentários

Favoritos é uma opção do navegador que permite que sejam adicionados endereços dos sites prediletos.

O usuário também poderá utilizar a tecla de atalho Ctrl+D para acrescentar o endereço do site atual à sua lista de Favoritos.

19. A mensagem de alerta exibida na figura, introduzida pelo símbolo, refere-se ao complemento MSXML 5.0 e solicita permissão do usuário para que esse complemento seja instalado no computador. Existem, no entanto, complementos que podem ser instalados sem o conhecimento do usuário, quando, por exemplo, for parte de outro programa instalado anteriormente.

Comentários

O MSXML 5.0 é um editor de scripts XML da Microsoft. Em outras palavras, é um plugin (software complementar) ao navegador Internet Explorer. A mensagem apresentada no topo da página acessada é um alerta que solicita permissão para instalar esse plugin.

Uma série de outros aplicativos, quando são instalados, também enviam plugins para o Internet Explorer. Por exemplo, quando se instala o Adobe Reader, será possível ler documentos PDF no próprio navegador IE, sem necessidade de instalar complementos.

---

20. Antes de permitir a execução do complemento MSXML 5.0, recomenda-se que o usuário clique na opção Segurança ▾ e, em seguida, clique Ativar Filtragem InPrivate para executar o antivírus do IE 8.0.

Comentários

De fato, o IE 8.0 possui o recurso de navegação InPrivate, que pode ser ativado tanto pela guia Segurança quanto pelas teclas de atalho Ctrl+Shift+P. Mas, ela não possui ou habilita algum tipo de antivírus.

A Navegação InPrivate permite que se navegue na web sem deixar vestígios no Internet Explorer. Isso ajuda a impedir que qualquer outra pessoa que use seu computador veja quais páginas você visitou e o que você procurou na web. Pode-se iniciar a Navegação InPrivate a partir da página Nova Guia ou pressionando o botão Segurança.

Quando se inicia a Navegação InPrivate, o Internet Explorer abre uma nova janela do navegador. A proteção oferecida pela Navegação InPrivate tem efeito apenas durante o tempo em que se usa a janela. Pode-se abrir quantas guias desejar nessa janela e todas elas estarão protegidas pela Navegação InPrivate. Entretanto, se se abrir outra janela do navegador, ela não estará protegida pela Navegação InPrivate.

Para finalizar a sessão da navegação InPrivate fecha-se a janela do navegador. Quando se navega usando a Navegação InPrivate, o internet Explorer armazenará algumas informações – como cookies e arquivos de Internet temporários – de forma que as páginas da web visitadas funcionem corretamente, entretanto, no final da sessão da Navegação InPrivate essas informações são descartadas.

---

21. Ao se clicar a opção Página ▾ e, em seguida, a opção Zoom, serão exibidas opções que permitem ampliar ou reduzir a exibição da página da Web mostrada na figura.

Comentários

O zoom pode ser aumentado ou reduzido através da guia Página, pelo menu Exibir, pela guia de controle de zoom 100% ▾, apresentada no canto inferior direito da janela do navegador. Além das teclas de atalho **Ctrl** + para ampliar e **Ctrl** – para reduzir.

(Cespe/MPU/Técnico/2010) A respeito de internet e intranet, julgue os itens subsequentes.

22. O acesso autorizado à intranet de uma instituição restringe-se a um grupo de usuários previamente cadastrados, de modo que o conteúdo dessa intranet, supostamente, por vias normais, não pode ser acessado pelos demais usuários da internet.

Comentários

Intranets são redes de uso restrito, com as mesmas características da internet. Os usuários devem ser previamente cadastrados e, são utilizados recursos para o controle de acesso, normalmente login e senha.

23. Um modem ADSL permite que, em um mesmo canal de comunicação, trafeguem sinais simultâneos de dados e de voz. Por isso, com apenas uma linha telefônica. Um usuário pode acessar a internet e telefonar ao mesmo tempo.

Comentários

ADSL é acrônimo para o inglês Assymmetric Digital Subscriber Line ou "Linha Digital Assimétrica para Assinante". Trata-se de uma tecnologia que permite a transferência digital de dados em alta velocidade por meio de linhas telefônicas comuns.

A tecnologia ADSL basicamente divide a linha telefônica em três canais virtuais, sendo um para voz, um para download (de velocidade alta) e um para upload (com velocidade média, se comparado ao canal de download).

24. **(Cespe/DPF/Escrivão/2009)**) Se uma aplicação cliente de correio eletrônico, em funcionamento em #5, recupera o conjunto de e-mails de um usuário de serviço de e-mail do tipo POP3 localizado em #10, então o fluxo de pacotes UDP deve ser estabelecido entre esses computadores.

Comentários

Esta é bem simples! O protocolo POP3 trabalha em conjunto com o TCP e não com o UDP. O POP3 é um dos protocolos de recebimento de e-mail (o outro é o IMAP).

A troca de mensagens de correio eletrônico deve utilizar meios de implementações seguras e confiáveis. O que não será obtido com o uso do protocolo UDP.

---

25. (Cespe/DPF/Escrivão/2009) O endereço IP 10.0.0.253 deve ser usado na URL inserida em um browser em funcionamento em #10 para viabilizar a comunicação entre esse browser e um servidor http em funcionamento na porta 80 do dispositivo #7, caso não seja possível usar um servidor de DNS em #10.

Comentários

10.0.0.253 é uma classe reservada para uso em uma rede local, ou seja, tal endereço não será enxergado na internet. Para entender melhor:

Dos mais de 4 bilhões de endereços disponíveis pelo protocolo IP, três faixas são reservadas para redes privadas. Estas faixas não podem ser roteadas para fora da rede privada - não podem se comunicar diretamente com redes públicas. Dentro das classes A, B e C foram reservadas redes que são conhecidas como endereços de rede privados.

A seguir, são apresentadas as três faixas reservadas para redes privadas:

10.0.0.0 – 10.255.255.255
172.16.0.0 – 172.31.255.255
192.168.0.0 – 192.168.255.255

Então, não adianta o host #10 entrar com esse endereço no navegador, que ele não será o endereço real visto pela internet. O dispositivo #10 está ligado na internet. Os endereços 10.x.x.x, de 172.16.x.x a 172.31.x.x e 192.168.x.x são endereços de redes privadas. Por isso, não são roteáveis na internet. Esses endereços são usados unicamente em redes privadas, quais sejam, intranets.

Os pacotes de #10 devem ser endereçados ao endereço de rede do dispositivo #2, que não é informado no desenho.

---

26. (Cespe/DPF/Escrivão/2009) Caso uma aplicação em execução no elemento #10 envie com sucesso um pedido http para um servidor web em funcionamento em #6 e receba como resposta uma página HTML com centenas de kilobytes, o fluxo de pacotes estabelecido entre os dois hosts será filtrado obrigatoriamente pelo dispositivo #3.

Comentários

Talvez você esteja se perguntando se essas questões são de "Noções de Informática"! Ao menos foi assim que o Cespe mencionou no edital! Complicado, né?

O funcionamento dos protocolos de roteamento TCP/IP não garante que os pacotes passem por #3, pois o fluxo de #6 para #10 pode seguir pelo host #8. A figura inclusive descreve um fluxo que sai da rede #4 (onde se localiza #6) e que não passa pelo host #3. Dessa forma, os pacotes que saem de #6 podem seguir por #8 e não por #3. [...]

O ícone empregado para fazer referência ao elemento # 3 é de um firewall, item explicitamente exigido no edital de concurso. O entendimento do vmware não é necessário para análise do que se pede. A apresentação, na figura, de um esquema que adota virtualização (baseado no vmware) pode tornar mais complexo o entendimento do esquema e o isolamento dos elementos relevantes necessários à análise do item, mas não influencia o julgamento correto do item. Mesmo que se considere que fisicamente existe um único equipamento que virtualize os hosts #5, #6, #7 e #8, ainda assim as redes vmnet8 e vmnet1 existem no plano lógico (são redes reais). O host #10 pode se comunicar com um servidor www que está em #6, desde que #2 faça o devido redirecionamento.

O assunto abordado no item pode ser enquadrado dentro dos seguintes tópicos do concurso: 4 Redes de computadores. 4.1 Componentes e meios físicos de comunicação. 4.2 Arquitetura. 4.3 Protocolos de comunicação. 6 Segurança de Redes. 7.3 Firewalls e regras de isolamento e proteção de redes. 7.4 Virtual Private Network (VPN)."

27. **(Cespe/DPF/Escrivão/2009)** Na tecnologia TCP/IP, usada na Internet, um arquivo, ao ser transferido, é transferido inteiro (sem ser dividido em vários pedaços), e transita sempre por uma única rota entre os computadores de origem e de destino, sempre que ocorre uma transmissão.

Comentários

Quando um arquivo é transferido, ele é quebrado em pequenos fragmentos conhecidos como datagramas ou pacotes de dados. Em seguida, os mesmos são remontados no computador de destino. A transferência de dados ocorre na camada de transporte que utiliza dois protocolos: o TCP e o UDP. O primeiro é orientado à conexão (uma única rota) e o segundo é não orientado à conexão (rotas diferentes). Independente do protocolo utilizado é nesta camada que a mensagem é dividida em quadros.

CAPÍTULO 7

Segurança da Informação

O uso de recursos de tecnologias da informação e das comunicações encontra-se difundido e disseminado em toda sociedade. Nesse contexto, ações de investigação criminal necessitam estar adaptadas para identificar e processar evidências digitais de modo a produzir provas materiais. Para tanto, existem diversos tipos de exames técnico-científicos utilizados em investigações. Acerca desses exames, julgue os itens a seguir.

1. **(Cespe/PCDF/Agente de Polícia/2013)** Sistemas operacionais como o Linux e o Windows registram diversos tipos de eventos relacionados ao uso de computadores, tais como data e hora de *login* de um usuário cadastrado.

   Comentários

   Tanto o Windows quanto o Linux dispõem de Ferramentas Administrativas capazes de identificar qual ou quais usuários utilizou o sistema, além de oferecerem recursos para mostrar quais foram os arquivos acessados e os programas executados.

   No Windows, abra o Painel de Controle e clique em Ferramentas Administrativas. Já no Linux, os logs são normalmente visualizados através da linha de comandos, através dos populares e potentes comandos cat, tail, grep, etc. Os logs estão normalmente no diretório /var/log.

2. **(Cespe/PCDF/Agente de Polícia/2013)** Exames em mensagens eletrônicas, tais como e-mails, permitem identificar o responsável pelo envio das mensagens, uma vez que as mensagens utilizadas nesse tipo de comunicação sempre contêm um endereço que identifica o remetente da mensagem.

   Comentários

   Muitos usuários simplesmente utilizam contas falsas para aplicar golpes ou para enviar mensagens sem serem identificados. Além disso, há técnicas que possibilitam o envio de emails anônimos. Uma mensagem recebida possibilita a identificação do endereço IP do remetente. Mas, além de nem sempre esses endereços serem confiáveis, normalmente esse endereço são trocados dinamicamente quando uma nova conexão é estabelecida.

3. **(Cespe/PC-DF/Agente de Polícia/2013)** Computadores infectados com vírus não podem ser examinados em uma investigação, pois o programa malicioso instalado compromete a integridade do sistema operacional.

Comentários

A análise forense independe da presença de vírus no computador a ser examinado. Existem vários métodos de iniciar um sistema computacional sem que qualquer vírus seja executado ou infecte os dispositivos para onde os arquivos serão copiados.

Uma das formas de iniciar o sistema, por exemplo, é alterar a Sequência de Boot, configurando o BIOS Setup, fazendo com que um dispositivo externo como um Pendrive ou um HD externo, contendo uma vacina, seja lido antes que o sistema operacional instalado no disco local seja acionado.

4. **(Cespe/PC-DF/Agente de Polícia/2013)** Navegadores da Web podem ser configurados para não registrar os registros (logs) de navegação ou para excluí-los automaticamente. Esse tipo de ação dificulta o exame de informações acerca de sítios web visitados a partir de determinado sistema.

Comentários

Existem navegadores Web que por padrão trabalham em modo anônimo, é o caso do TOR – The Onion Router. Mas, é possível configurar de maneira rápida os navegadores mais populares para que também naveguem em modo anônimo ou privativo.

No Google Chrome, use Ctrl+Shift+N, no Internet Explorer e no Mozilla Firefox, use Ctrl+Shift+P. A navegação privativa ou anônima faz com que ao ser encerrado o navegador, sejam imediatamente apagados o histórico de navegação das páginas visitadas, cookies, dados de login, senha e formulários que o usuário preencher, bem como mensagens de bate-papo.

Tais medidas dificultam o rastreamento desses dados, mas não impedem completamente que possam ser localizados. Principalmente, quando acessados em uma rede corporativa. Uma vez que nesse tipo de rede, normalmente os dados acessados na máquina do usuário ficam também registrados no Servidor da Rede Local.

(Cespe/PC-DF/Agente de Polícia/2013) Diversos protocolos são utilizados em uma comunicação pela internet, mas apenas alguns deles contribuem para a segurança da comunicação. A esse respeito, julgue o item seguinte.

5. Os protocolos TLS (Transport Layer Security) e SSL (Secure Sockets Layer) possuem propriedades criptográficas que permitem assegurar a confidencialidade e a integridade da comunicação.

Comentários

O TLS (Transport Layer Security) e o seu antecessor, SSL (Secure Sockets Layer) são protocolos criptográficos que conferem segurança de comunicação na internet para serviços como e-mail (SMTP), navegação por páginas (HTTPS) e outros tipos de transferência de dados. Há algumas pequenas diferenças entre o SSL 3.0 e o TLS 1.0, mas o protocolo permanece substancialmente o mesmo. Esses protocolos são capazes de prover a confidencialidade (privacidade) e a integridade de dados entre duas aplicações que comuniquem pela Internet.

Isto ocorre por meio da autenticação das partes envolvidas e da codificação dos dados transmitidos entre as partes. Esse protocolo ajuda a prevenir que intermediários entre as duas pontas da comunicação tenham acesso indevido ou falsifiquem os dados transmitidos.

(Cespe/PCDF/Agente de Polícia/2013) Malware é qualquer tipo de software que pode causar algum impacto negativo sobre a informação, podendo afetar sua disponibilidade, integridade e confidencialidade. Outros softwares são produzidos para oferecer proteção contra os ataques provenientes dos malwares. Com relação a esse tema, julgue os próximos itens.

6. Firewalls são dispositivos de segurança que podem evitar a contaminação e a propagação de vírus. Por outro lado, antivírus são ferramentas de segurança capazes de detectar e evitar ataques provenientes de uma comunicação em rede.

Comentários

Firewalls são dispositivos de segurança existentes na forma de hardware ou software, são utilizados para filtrar pacotes de dados nocivos de uma rede para outra e aplicar políticas de segurança.

O uso de Firewall, embora possa ajudar a evitar a propagação de vírus, mas não é capaz de eliminar completamente que vírus contaminem a máquina do usuário, sendo sempre necessária a instalação de um software antivírus, ainda que o firewall esteja ativo.

7. Os vírus, ao se propagarem, inserem cópias de seu próprio código em outros programas, enquanto os worms se propagam pelas redes, explorando, geralmente, alguma vulnerabilidade de outros softwares.

Comentários

Os vírus são malwares que possuem capacidade de infectar um sistema, fazendo cópias de si mesmo, inserindo parte de seu código fonte e em outros programas e usar meios para se espalhar para outros computadores, de maneira análoga a um vírus biológico.

Já um worm (verme, em inglês) diferenciam-se dos vírus por utilizar uma rede para se espalhar por vários computadores sem que nenhum usuário interfira neste processo.

Julgue o item que se segue, que diz respeito ao armazenamento de dados em nuvem e as pragas virtuais.

8. **(Cespe/PCDF/Escrivão de Polícia/2013)** Rootkit é um tipo de praga virtual de difícil detecção, visto que é ativado antes que o sistema operacional tenha sido completamente inicializado.

Comentários

Vamos entender o que os rootkits fazem.

Primeiramente, é preciso conhecer as origens deste arquivo. Tudo começou no sistema operacional Linux/Unix, quando os kits para programas que mantêm acesso irrestrito a sistemas e computadores inteiros. Funciona como um backdoor, ou seja, uma porta em que o usuário (bem ou mal intencionado – na maioria das vezes a intenção é má) pode entrar e sair livremente, fazendo o que bem entender. "Root" é a denominação usada para os usuários que têm o controle total da máquina.

Desse modo, ao juntar "root" e *kit* tem-se o *kit* que permite controlar de maneira absoluta o computador. A principal característica deste tipo de arquivo é esconder-se nos sistemas operacionais para que esses usuários mal intencionados possam fazer o que quiserem quando bem entenderem.

Existem dois tipos bastante frequentes entre os sistemas operacionais Windows e Linux/Unix. No Windows, normalmente, eles infectam as tarefas e processos de memória, anulando os pedidos do programa que está com esta praga. Isso faz com que o programa não encontre os arquivos necessários para funcionar. Pode-se simplificar dizendo que os rootkits "enganam" o programa, fazendo-o acreditar que o arquivo não está lá, provocando mensagens de erro. Já no Linux/Unix, o que acontece é um pouco diferente.

O rootkit que infectar um sistema deste tipo irá substituir um programa de listagem de arquivos. Uma vez que ele mesmo exiba as listas, o trojan ficará são e salvo, escondido no sistema. Se ninguém descobre que ele está lá, fica fácil para o sujeito de más intenções exercer o direito de ir e vir no seu computador.

Muitos rootkits são ativados antes que o sistema operacional do computador esteja totalmente iniciado, renomeando arquivos de sistema, o que torna difícil sua remoção. Eles são normalmente utilizados para instalar arquivos ocultos, que servem para interceptar e redirecionar dados privados para o computador de quem criou o malware. Embora, nem todos operem dessa forma, podemos citá-los como exemplos.

---

9. (**Cespe/MPU/Técnico Administrativo/2013**) Replicar documento em *pendrive* consiste em procedimento de becape.

Comentários

Becape é a forma abrasileirada de *Backup*. Pode ser entendido como uma cópia de segurança ou cópias secundárias dos dados. Pode se referir tanto à cópia de arquivo ou de programas, no intuito de recuperá-la quando necessário.

Por medida de precaução, é conveniente fazer o backup em outra mídia e, de preferência, guardá-lo em local reservado, afastado do computador de origem, podendo ser utilizados pendrives, CD, DVD, SD ou mesmo discos virtuais e outros meios de armazenamento em nuvem (cloudstorage).

---

10. **(FCC/Banco do Brasil/Escriturário/2011)** Programa capaz de capturar e armazenar as teclas digitadas pelo usuário no teclado de um computador. Trata-se de

a) scam.
b) keyloggers.
c) worm.
d) trojan.
e) spam.

Comentários

Alternativa **a**: scam é um termo que significa embuste, cambalacho, golpe. Sendo associado à prática de phishing scam que envolve formas de enganar os usuários de computador para que revelem informações pessoais ou financeiras através mensagens de e-mail ou sites fraudulentos.

Alternativa **b**: keyloggers são programas utilizados para espionar o usuários digitam em seus computadores. Podem ser classificados como uma espécie de spyware – software espião. E podem ser utilizados tanto por golpistas para roubar dados pessoais, quanto por administradores de redes corporativas, para vigiar as comunicações de funcionários.

Alternativa **c**: worms, conhecidos também como vermes virtuais, são programas semelhantes aos vírus, mas que diferenciam-se deste por serem capazes de se propagarem automaticamente pelas redes, enviando cópias de si mesmos de computador para computador. Isso faz com que sejam prejudiciais, também por sobrecarregarem as redes.

Alternativa **d**: trojan é também conhecido como Cavalo de Troia ou Trojan Horse é um tipo malware que pode entrar em um computador disfarçado como um programa comum e legítimo. Sua função é possibilitar a abertura de uma porta de forma que usuários mal intencionados possam invadir o sistema. A inspiração de seu nome surgiu devido à história da guerra de Troia e que culminou com a destruição desta. O cavalo de Troia, um grande cavalo de madeira, fora supostamente oferecido como um pedido de paz por parte dos gregos. Sendo um presente para o rei, os troianos levaram o cavalo para dentro das muralhas da cidade.

Alternativa **e**: spams são e-mails enviados ou não autorizados. Geralmente usados para espalharem boatos, anúncios publicitários, correntes, campanhas ideológicas, etc. Por provocarem o repasse rápido, acabam se tornando ideais para a propagação de vírus e golpes.

11. **(Funiversa/PMDF/Soldado/2013)** A cópia de segurança de documentos armazenados em computador, conhecida por backup, é um procedimento que deve

ser realizado com frequência para evitar a perda de informações importantes para o usuário e para a empresa onde trabalha. O Backup pode ser realizado de forma completa, com a cópia de todos os arquivos selecionados, ou de forma parcial, quando se copia apenas os arquivos que foram alternativos desde a última cópia completa. O nome que se dá à cópia parcial de arquivos é

a) bakcup diário.
b) bakcup periódico.
c) bakcup esporádico.
d) bakcup parcial.
e) bakcup incremental.

Comentários

No ambiente Windows, os backups são classificados em cinco tipos diferentes: Normal, Incremental, Diferencial, Diário e Cópia. O backup normal também é conhecido como backup completo. Sempre que o usuário desejar copiar os arquivos de determinado disco ou pasta, o backup normal copiará todos os arquivos. Já no backup incremental serão copiados somente os arquivos mais recentes, ou seja, somente os criados ou modificados depois da última cópia.

12. **(FGV/FBN/Assistente Administrativo/2013)** No que diz respeito aos conceitos na área de proteção e segurança da informação, um termo é utilizado para designar alguns tipos de condutas fraudulentas que são cometidas na rede. É uma espécie de fraude que furta dados de identidade, senha de banco, número de cartão de crédito e informações confidenciais de empresas. O infrator utiliza as informações para fazer saques e movimentações bancárias ou outras operações em nome da vítima.

Assinale a alternativa que indica esse termo.

a) phishing.
b) sniffing.
c) cooking.
d) bullying.

Comentários

Alternativa **a**: o termo **phishing** corresponde à pescaria, em inglês e tem como objetivo "pescar" informações e dados pessoais importantes por meio de mensagens falsas. Com isso, os criminosos podem conseguir nomes de usuários e senhas de um site qualquer, como também são capazes obter dados de contas bancárias e cartões de crédito.

Alternativa **b**: **sniffing** é a prática de utilizar um Analisador de Tráfego de Redes, conhecida como Sniffer, para verificar o conteúdo que trafega em uma rede de computadores. É muito comum utilizar esta prática para vigiar as comunicações e acessos funcionários. O sniffing pode ainda ser utilizado com propósitos maliciosos por invasores que tentam capturar o tráfego da rede com diversos objetivos, dentre os quais podem ser citados, obter cópias de arquivos importantes durante sua transmissão, senhas ou ver as conversações em tempo real.

Alternativa **c**: **cooking** é um termo utilizado totalmente fora de contexto na questão, muito provavelmente objetivando confundir o candidato. O termo **cooking**, "cozinhar" em inglês, não está relacionado a nenhuma prática computacional.

Alternativa **d**: **bullying**, como sabemos, também não é um termo relacionado à computação e sim para descrever atos de violência física ou psicológica, intencionais e repetidos, praticados por um indivíduo ou grupo que visam causar dor e angústia, para impor seu poder.

13. **(Cespe/CNJ/Analista Judiciário – Área Administrativa/2013)** A implantação de controle de acesso a dados eletrônicos e a programas de computador é insuficiente para garantir o sigilo de informações de uma corporação.

Comentários

Não há um sistema que seja 100% seguro. A melhor forma de proteger seu sistema de fraudes, vírus e outras ameaças, é combinar várias técnicas de proteção.

14. **(Cespe/CNJ/Analista Judiciário – Área Administrativa/2013)** As possíveis fraudes que ocorrem em operações realizadas com cartões inteligentes protegidos por senha são eliminadas quando se realiza a autenticação do usuário por meio de certificados digitais armazenados no cartão.

Comentários

Embora iniba consideravelmente o número de fraudes, sendo considerado o mecanismo mais seguro de proteção relacionado à integridade e autenticação dos dados, o uso de certificação digital não elimina as fraudes praticadas.

15. **(FGV/FBN/Assistente Administrativo I, II e III/2013)** Um dos procedimentos de proteção e segurança para a informação está na verificação do nome do site, quando é carregado no browser.
O protocolo de comunicação empregado utiliza uma camada adicional, que permite aos dados serem transmitidos por meio de uma conexão criptografada e que verifica a autenticidade do servidor e do cliente por meio de certificados digitais. A porta TCP usada por norma para esse protocolo é a 443.
Nesse contexto, assinale a alternativa que indica um endereço de site seguro.
a) sec://ftp.netsecurity.net/.
b) http://www.siteseguro.org.
c) wwws://https.firewall.com.br/segurança_total/.
d) https://pt.wikipedia.org/wiki/Wikip%C3%A9dia:P%C3% A1gina_principal.

Comentários

HTTPS, HyperText Transfer Protocol Secure é a combinação do protocolo HTTP com o SSL (Secure Sockets Layers, que pode ser traduzido como Camada de Sockets Protegida). É a maneira mais comum atualmente de trafegar documentos via HTTP de maneira segura; provê criptografia de dados, autenticação de servidor, integridade de mensagem e autenticação de cliente.

16. **(Cespe/TRT 10ª Região/Nível Superior/2013)** As características básicas da segurança da informação – confidencialidade, integridade e disponibilidade – não são atributos exclusivos dos sistemas computacionais.

Comentários

Embora sejam características básicas da segurança da informação, os aspectos de confidencialidade, integridade e disponibilidade, não se restringem a sistemas computacionais, informações eletrônicas ou sistemas de armazenamento.

O conceito aplica-se a todos os aspectos de proteção de informações e dados, como a guarda de documentos impressos ou manuscritos, por exemplo.

17. **(Cespe/TRT 10ª Região/Nível Médio/2013)** Os mecanismos utilizados para a segurança da informação consistem em controles físicos e controles lógicos. Os controles físicos constituem barreiras de hardware, enquanto os lógicos são implementados por meio de softwares.

Comentários

Os mecanismos de controle de acesso podem, sim, ser classificados em duas categorias: **controle físico** e **controle lógico**. Mas, esses não se referem a hardware e software.

Os controles físicos envolvem guardas, catracas, crachás de identificação, câmeras de segurança e estão relacionados a formas de acesso às instalações físicas. Já os mecanismos de controle lógico envolvem login, senha, criptografia, firewall, leitura de dados biométricos, etc., que são formas usadas para controlar o acesso aos sistemas de informação.

Há quem defenda que o termo **hardware** refira-se a tudo o que é físico, como dobradiças, portas, catracas, etc., mas essa seria uma interpretação, no meu entendimento, fora de contexto por o termo **hardware** aparecer associado a ferragens e não a componentes físicos do computador (processadores, placas, memórias etc.).

O item está errado por afirmar que controles físicos referem-se a hardware e controles lógicos referem-se a software.

18. **(Cespe/TRT 10ª Região/Nível Médio/2013)** Muito mais eficientes que CDs e DVDs no que se refere a taxa de transferência, capacidade de armazenamento e portabilidade, os pendrives são um meio eficiente de se fazer becape.

Comentários

Cópias de segurança (becape ou backup) podem ser realizadas em diferentes mídias – fitas magnéticas, disquetes, HD externo, CD, DVD ou pendrive, por exemplo. Os aspectos mais relevantes na opção entre uma mídia e outra é a velocidade de gravação, a capacidade de armazenamento, a praticidade no transporte desses arquivos, a durabilidade do meio de armazenamento e a possibilidade de uso em equipamentos de diferentes tipos. E em todos esses quesitos, o pendrive leva vantagem sobre o CD e o DVD.

A taxa de transferência-padrão de um DVD é de 1.350 Kbps, já os pendrives, na maioria dos casos, trabalham com taxas de 480 Mbps, podendo chegar até 4.8 Gbps (utilizando USB 3.0). Enquanto um DVD com dupla camada de leitura permite armazenar por volta de 9 GB, os pendrives mais comuns armazenam 32, 64, 128 GB, tendo, recentemente, sido lançados pendrives com capacidade de 300 GB e até 1 TB.

19. (Cespe/PC-AL/Agente de Polícia/2012) A rede privada virtual (VPN) do tipo *site-to-site* constitui-se, entre outros elementos, de um canal de comunicação criptografado entre dois gateways de rede.

Comentários

VPN é acrônimo para o inglês: **Virtual Private Network**, que pode ser traduzido como **Rede Privativa Virtual.** Trata-se de um modelo de conexões ponto a ponto em redes privadas que utiliza a infraestrutura de uma rede pública já existente, como a internet, por exemplo. As conexões VPN site a site (também conhecidas como conexões VPN roteador a roteador) permitem que as organizações mantenham conexões roteadas entre escritórios independentes ou com outras organizações em uma rede pública enquanto ajudam a manter a segurança das comunicações. Os dados devem estar criptografados para passarem despercebidos e inacessíveis pela internet.

Uma conexão VPN roteada pela internet funciona logicamente como um link dedicado de rede de longa distância (WAN). Quando as redes são conectadas pela internet, como mostra a figura a seguir, um roteador encaminha os pacotes a outro roteador por meio de uma conexão VPN.

As VPNs são muito utilizadas para interligar filiais de uma mesma empresa, ou fornecedores com seus clientes (em negócios eletrônicos), por meio da estrutura física de uma rede pública. VPNs seguras usam protocolos de criptografia por tunelamento, que fornecem confidencialidade (sigilo), autenticação e integridade necessárias para garantir a privacidade das comunicações requeridas. Quando adequadamente implementados, esses protocolos podem assegurar comunicações seguras por meio de redes inseguras.

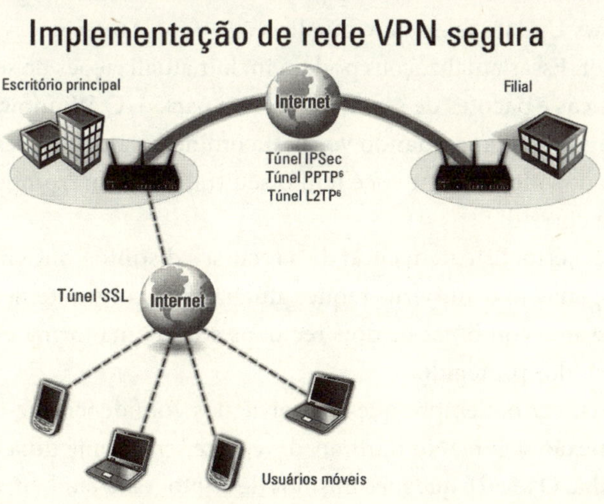

20. **(Ieses/CRF-SC/Operador de Computador/2012)** Alguns cuidados que você deve tomar ao usar redes, independentemente da tecnologia, são:

I - Mantenha seu computador atualizado, com as versões mais recentes e com todas as atualizações instaladas;

II - Utilize e mantenha atualizados mecanismos de segurança, como programa antivírus e "firewall" pessoal;

III - Utilize conexão segura sempre que a comunicação envolver dados confidenciais;

IV - Caso seu dispositivo permita o compartilhamento de recursos, deixe esta função sempre habilitada.

Assinale a alternativa que apresenta os procedimentos recomendados como boas práticas de segurança.

a) Apenas as afirmativas II e IV estão corretas.
b) Apenas as afirmativas I e IV estão corretas.
c) Todas as afirmativas estão corretas.
d) Estão corretas apenas as afirmativas I, II, e III.

Comentários

Item **I**: certo. Considerando o usuário de um sistema Windows, ativar a opção Atualizações Automáticas é uma forma de ajudar a proteger o seu computador. As atualizações importantes ajudam a manter o computador mais seguro e confiável, protegendo a máquina e a sua privacidade. Essas atualizações incluem atualizações críticas e de segurança, assim como aperfeiçoamentos de confiabilidade. Quando você ativa essa opção, o Windows verifica regularmente no site do Windows Update se existem atualizações importantes necessárias para o seu computador. Essas atualizações podem incluir atualizações de segurança, atualizações críticas e pacotes de serviços (service packs). O Windows baixa atualizações em segundo plano quando você está online; as atualizações não interferem em outros downloads nem você tem o seu trabalho interrompido. Em resumo, o item está correto!

Item **II**: certo. Este item citou dois recursos distintos, antivírus e firewall. Na verdade, apenas só o antivírus requer atualizações constantemente. Mas, é sempre interessante combinar os dois recursos como uma forma efetiva de manter seu computador protegido.

Item **III**: certo. Sempre que utilizar dados confidenciais e restritos, deve-se utilizar conexão segura. No mínimo, deve-se ter em mente uma autenticação por login e senha. O ideal é que mecanismos de criptografia também sejam utilizados.

Item **IV**: errado. O compartilhamento de recursos, em especial, o de arquivos e pastas deve ser evitado quando não for necessário. O ideal é protegê-los com senhas de acesso e não utilizá-los por muito tempo.

21. (Cespe/Câmara dos Deputados – Analista Legislativo/2012) A finalidade do uso de certificados digitais em páginas na Internet, por meio de HTTPS, é evitar que o conteúdo total dos dados de camada de aplicação, se capturados durante o tráfego, sejam identificados por quem o capturou.

Comentários

Páginas seguras, autenticadas por certificados digitais e protegidos com o uso do protocolo HTTPS (fusão entre o HTTP e o SSL/TLS) possuem conteúdo criptografado. Portanto, ainda que algum invasor capture seus dados no meio físico, ele não conseguirá visualizar todo o conteúdo capturado, uma vez que, ao menos, parte da mensagem está protegida por um código criptográfico.

22. (Cespe/Câmara dos Deputados – Analista Legislativo/2012) O termo **Spam**, consiste de e-mails não solicitados que são enviados, normalmente, apenas para uma única pessoa e têm sempre conteúdo comercial. Essa mensagem não transporta vírus de computador ou links na internet.

Comentários

Spam são mensagens indesejadas ou não solicitadas encaminhadas em massa. **Não são consideradas malwares**. Mas, é o meio mais comum de proliferação de vírus, worms, trojans e outras pragas.

Os principais tipos de spam são: hoax (boatos), chain-letters (correntes), publicidade e ofensivos (preconceituosos, racistas, pornográficos etc.).

23. (Esaf/MF/Assistente Técnico – Administrativo/ 2012) Para a verificação de uma assinatura digital numa mensagem eletrônica, basta ter acesso

a) ao CPF e identidade do remetente.

b) à identidade do remetente.

c) à chave criptográfica dupla do destinatário.

d) ao certificado digital do destinatário.

e) ao certificado digital do remetente.

Comentários

Certificados digitais são fornecidos na forma de arquivos com extensão ".CER" e são usados para verificar a autenticidade de um documento assinado digitalmente ou para enviar uma mensagem criptografada.

Para conferir a assinatura digital de determinado remetente, deve-se utilizar o certificado digital do remetente, que contenha a sua chave pública. A mensagem é assinada usando um certificado que contenha a chave privada do remetente.

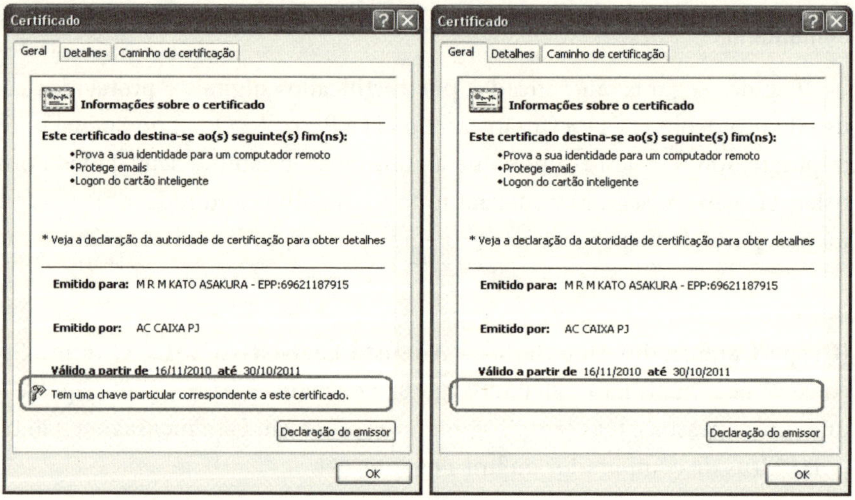

A figura acima apresenta dois certificados digitais. O certificado da esquerda contém a chave privada e só pode ficar com o seu proprietário, já o certificado da direita não contém a chave privada, mas clicando na guia 'DETALHES' é possível verificar se contém a chave pública, necessária para verificar a autenticidade de uma mensagem.

24. (Funcab/PM-AC/Soldado da Polícia Militar/2012) O procedimento que pode colocar em risco a segurança do seu computador é:

a) a manutenção de programas antivírus sempre ativos e atualizados.

b) a verificação de arquivos com extensão "exe" antes de executar seu download.

c) o cancelamento de downloads de arquivos iniciados automaticamente.

d) o download de arquivos recebidos por email de pessoas conhecidas.

e) a utilização de um Firewall em sua rede de computadores.

Comentários

Independentemente de conhecer ou não o remetente da mensagem, sempre verifique se arquivos anexados contêm formatos executáveis como .exe, .scr, .bat, .com ou .pif .

Esses tipos de arquivos sempre representam um risco para o usuário, uma vez que é muito comum que elementos mal intencionados utilizem de falsos pretextos que induzam os destinatários de e-mail a clicarem sobre arquivos anexados às mensagens usados para instalar vírus, trojans, worms e outras pragas.

25. **(Funiversa/PCDF/Perito Criminal/2007)** No mundo cibernético, qual é o termo utilizado para designar quem pratica a quebra de proteções de software cedidos a título de demonstração, usando-os por tempo indeterminado, como se fossem cópias legítimas?

a) worm.

b) hacker.

c) trojan.

d) malware.

e) cracker.

Comentários

Antes de tudo, é importante diferenciarmos os termos **hackers** e **crackers**. Teoricamente, hackers usam habilidades para o bem das empresas, já os crackers podem ser criminosos. Hackers são indivíduos que elaboram e modificam softwares e hardwares de computadores, seja desenvolvendo funcionalidades novas ou adaptando as antigas. Geralmente, de forma bem criativa e, às vezes, até mesmo inusitadas. Já **cracker** é o termo usado para designar quem pratica a quebra (ou **cracking**) de um sistema de segurança.

Na prática, os dois termos servem para conotar pessoas que têm habilidades com computadores, porém, cada um dos “grupos” usa essas habilidades de formas bem diferentes. Os hackers utilizam todo o seu conhecimento para melhorar softwares de forma legal e nunca invadem um sistema com o intuito de causar danos. No entanto, os crackers têm como prática a quebra da segurança de um software e usam seu conhecimento de forma ilegal, portanto, são vistos como criminosos.

As denominações foram criadas para que leigos e, especialmente a mídia, não confundissem os dois grupos. O termo "cracker" nasceu em 1995, e foram os próprios hackers que disseminaram o nome em sua própria defesa. A ideia era que eles não fossem mais confundidos com pessoas que praticavam o roubo ou vandalismo na internet.

Cracker (termo usado para designar o indivíduo que pratica a quebra (ou cracking) de um sistema de segurança, de forma ilegal ou sem ética).

26. (Cespe/CEF/Escriturário/2010) Acerca de certificação digital, assinale a opção correta.

a) A infraestrutura de chaves públicas é uma rede privada que garante que seus usuários possuem login e senha pessoais e intransferíveis.
b) Uma autoridade de registro emite o par de chaves do usuário que podem ser utilizadas tanto para criptografia como para assinatura de mensagens eletrônicas.
c) A autoridade certificadora raiz emite certificados para usuários de mais alto nível de sigilo em uma organização com uma chave de criptografia de 128 bits.
d) A autoridade de registro recebe as solicitações de certificados dos usuários e as envia à autoridade certificadora que os emite.
e) O uso de certificado digital garante o repúdio de comunicações oriundas de usuários ou sítios que possuem certificados válidos e emitidos por entidades confiáveis.

Comentários

Uma Infraestrutura de Chaves Públicas, cuja sigla é ICP, é um órgão ou iniciativa pública ou privada que tem como objetivo manter uma estrutura de emissão de chaves públicas, baseando-se no princípio da terceira parte confiável, oferecendo uma mediação de credibilidade e confiança em transações entre partes que utilizam certificados digitais.

A principal função do ICP é definir um conjunto de técnicas, práticas e procedimentos a serem adotados pelas entidades a fim de estabelecer um sistema de certificação digital baseado em chave pública. A infraestrutura de chaves públicas do Brasil, definida pela Medida Provisória nº 2.200-2, de 24 de agosto de 2001, é denominada Infraestrutura de Chaves Públicas Brasileira, ou ICP-Brasil, sendo considerada a Autoridade Certificadora Raiz (AC Raiz).

A ICP-Brasil é um conjunto de entidades governamentais ou de iniciativa privada, padrões técnicos e regulamentos, elaborados para suportar um sistema criptográfico com base em certificados digitais e visa assegurar as transações entre titulares de certificados digitais e detentores de chaves públicas.

Para assegurar que uma determinada chave pertence a você é necessário que uma Autoridade Certificadora (AC) confira sua identidade e seus respectivos dados. Ela será a entidade responsável pela emissão, suspensão, renovação ou revogação de seu certificado digital, além de ser obrigada a manter sempre disponível a Lista de Certificados Revogados (CRL).

A ICP-Brasil é formada por uma Autoridade Certificadora Raiz (AC RAIZ) que é representada pelo Instituto Nacional de Tecnologia da Informação (ITI), sendo este órgão responsável pela autenticação das demais Autoridades Certificadoras, além de executar atividades de fiscalização e auditoria das AC e Autoridades de Registro (AR) para que possa certificar-se de que a entidade está seguindo todas as Políticas de Certificação.

A autoridade de registro recebe as solicitações de certificados dos usuários e as envia à autoridade certificadora que os emite.

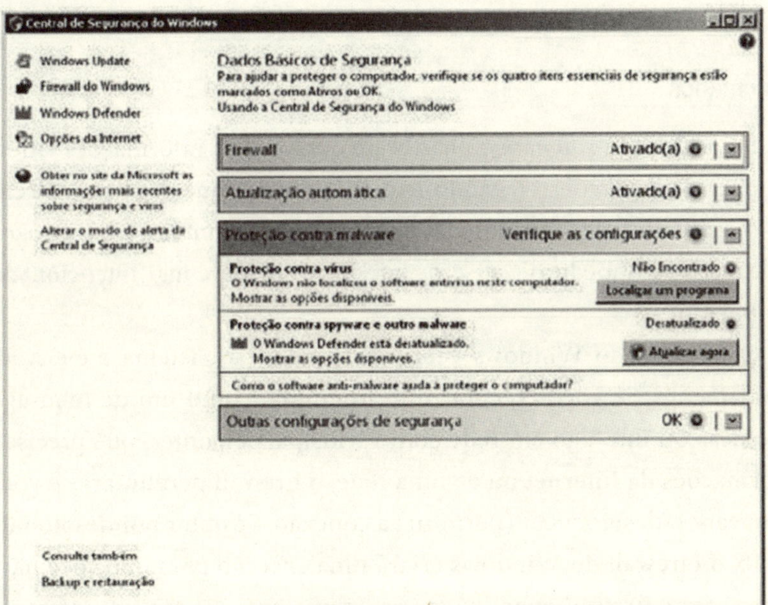

(Cespe/DPF/Escrivão/2009) Considerando a figura acima, que apresenta uma janela com algumas informações da central de segurança do Windows de um sistema computacional (host) de uso pessoal ou corporativo, julgue os próximos itens, a respeito de segurança da informação.

27. A configuração da proteção contra malwares exposta na figura indica que existe no host uma base de assinaturas de vírus instalada na máquina.

Comentários

Se observarmos atentamente a imagem, veremos que na seção "Proteção contra malware" está escrito "Não encontrado", ou seja, não há proteção instalada no computador. Muitos poderão afirmar: "Mas, o Windows Defender está instalado, apenas desatualizado". Acontece, no entanto, que o Windows Defender não é um antivírus e sim um sistema contra spyware – software espião.

28. Na figura acima, o firewall assinalado como ativado, em sua configuração padrão, possui um conjunto maior de regras para bloqueio de conexões originadas de fora do computador do que para as conexões originadas de dentro do computador.

Comentários

Firewall é um software ou hardware que verifica informações vindas da internet ou de uma rede, rejeitando-as ou permitindo que elas passem e entrem no seu computador, dependendo das configurações definidas. Com isso, o firewall pode ajudar a impedir o acesso de hackers e software mal-intencionado ao seu computador.

O Firewall do Windows vem incorporado ao sistema e é ativado automaticamente. Se você executar um programa, como um de mensagens instantâneas ou um jogo em rede com vários participantes, que precise receber informações da Internet ou de uma rede, o firewall perguntará se você deseja bloquear ou desbloquear (permitir) a conexão. Se optar por desbloquear a conexão, o Firewall do Windows criará uma exceção para que você não se preocupe com o firewall quando esse programa precisar receber informações no futuro. Você pode personalizar o Firewall para criar regras de exceção tanto de dados que chegam quanto para os que saem do seu computador. Em sua configuração padrão, a quantidade de bloqueios para informações que chegam é bem maior.

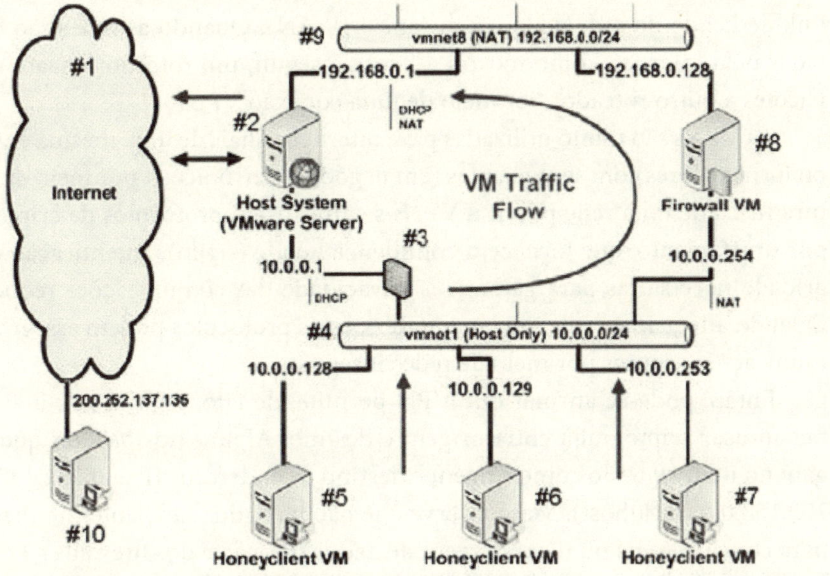

Internet: <honeyclient.org>.

(Cespe/DPF/Escrivão/2009) Considerando a figura acima, que apresenta o esquema de uma rede de computadores conectada à Internet, na qual se destacam elementos nomeados de #1 a #10, julgue os itens a seguir, a respeito de redes de computadores, segurança de redes e segurança da informação.

29. Se o elemento #10 estabelece uma comunicação bem sucedida com um serviço em #8 por meio de uma VPN (virtual private network) com tunelamento, então os números dos hosts de origem e destino de alguns dos pacotes que passam por #9 são, respectivamente, 200.252.137.135 e 192.168.0.1.

Comentários

VPN é acrônimo para o inglês: Virtual Private Network, que pode ser traduzido como Rede Privativa Virtual. Trata-se de um modelo de conexões ponto a ponto em redes privadas que utiliza a infraestrutura de uma rede pública já existente, como a Internet, por exemplo. As conexões VPN site a site (também conhecidas como conexões VPN roteador a roteador) permitem que as organizações mantenham conexões roteadas entre escritórios independentes ou com outras organizações em uma rede pública enquanto ajudam a manter a segurança das comunicações. Os dados devem estar criptografados para passarem despercebidos e inacessíveis pela Internet.

Uma conexão VPN roteada pela Internet funciona logicamente como um link dedicado de rede de longa distância (WAN). Quando as redes são conectadas pela Internet, como mostra a figura a seguir, um roteador encaminha os pacotes a outro roteador por meio de uma conexão VPN.

As VPNs são muito utilizadas para interligar filiais de uma mesma empresa, ou fornecedores com seus clientes (em negócios eletrônicos), por meio da estrutura física de uma rede pública. VPNs seguras usam protocolos de criptografia por tunelamento, que fornecem confidencialidade (sigilo), autenticação e integridade necessárias para garantir a privacidade das comunicações requeridas. Quando adequadamente implementados, esses protocolos podem assegurar comunicações seguras por meio de redes inseguras.

Então, pode-se afirmar que VPN permite, de fato, criar uma conexão túnel ao usar criptografia entre origem e destino. Alguns dos pacotes que trafegam no item #9 terão como origem e destino os endereços IP 200.252.137.135 e 192.168.0.1 (localhost). Mas, observe que não há dados suficientes no diagrama para concluir se há ou não filtragem de dados por parte dos firewalls #3 e #8.

GABARITO
Questões Comentadas

Capítulo 1

1. C
2. C
3. D
4. c
5. E
6. E
7. C
8. C
9. E
10. E
11. d
12. b
13. e
14. e
15. d
16. E
17. e
18. a
19. a
20. C
21. C
22. C
23. E
24. E
25. E
26. E
27. E
28. E
29. E

Capítulo 2

1. E
2. C
3. C
4. c
5. E
6. d
7. C
8. b
9. e
10. E
11. C
12. C
13. E
14. d
15. c
16. c
17. E
18. a
19. C
20. E
21. E
22. e
23. b
24. b
25. e
26. d
27. e
28. b
29. a
30. b
31. d
32. C
33. C
34. E
35. a
36. e

Capítulo 3

1. C
2. C
3. E
4. E
5. E
6. E
7. C
8. E
9. a
10. C
11. b
12. E
13. E
14. E
15. E
16. C
17. C
18. E
19. E
20. C
21. E
22. E
23. C
24. E
25. C
26. b
27. e
28. e
29. b
30. d
31. C
32. E
33. E
34. E
35. C
36. C
37. C
38. E
39. E

Capítulo 4

1. C
2. C
3. E
4. C
5. C
6. E
7. E
8. C
9. e
10. E
11. d
12. C
13. d
14. C
15. E
16. d
17. C
18. C
19. E
20. C
21. C
22. E
23. C
24. E
25. C
26. a
27. a
28. a
29. b
30. c

Capítulo 5

1. C
2. b
3. E
4. b
5. d
6. a
7. c
8. c
9. E
10. b
11. b
12. E
13. b
14. E
15. E

Capítulo 6

1. C
2. E
3. d
4. E
5. E
6. E
7. E
8. C
9. C
10. E
11. E
12. C
13. E
14. E
15. C
16. C
17. E
18. C
19. C
20. E
21. C
22. C
23. C
24. E
25. E
26. E
27. E

Capítulo 7

1. C
2. E
3. E
4. C
5. C
6. E
7. E
8. C
9. b
10. e
11. a
12. C
13. E
14. d
15. C
16. E
17. C
18. C
19. C
20. d
21. C
22. E
23. e
24. e
25. e
26. d
27. E
28. C
29. Anulada

SIMULADO

CAPÍTULO 1 – NOÇÕES DE HARDWARE E SOFTWARE – COMPONENTES FUNCIONAIS DO COMPUTADOR

1. **(AOCP/BRDE/Assistente Administrativo/2012)** Na informática, existem várias unidades de medida para expressar o tamanho de um determinado arquivo, conhecendo as unidades de medida, responda quantos bytes contém um arquivo que tem o tamanho de 3,5 Gigabytes (GB).
   a) 3.072 bytes.
   b) 3.758.096.384 bytes.
   c) 3.584 bytes.
   d) 3.500.000.000 bytes.
   e) 3.670.016 bytes.

2. **(Cespe/Ibama/Técnico Administrativo/2012)** Equipamentos de hardware incluem componentes como monitor de vídeo, placa-mãe, mouse, teclado e caixas de som, ao passo que equipamentos de software compreendem editores de texto e planilhas eletrônicas.

3. **(FCC/TRE-RN/Técnico Judiciário/Área Administrativa/2011)** As instruções que uma CPU necessita para executar um programa são buscadas
   a) nas interfaces USB.
   b) no disco rígido.
   c) na memória.
   d) no drive de DVD.
   e) no barramento de endereços.

4. **(Copeve/Ufal/Assistente de Administração/2011)** Não é um exemplo de conexão de hardware utilizada para conectar periféricos ao computador:
   a) Porta Serial.
   b) HDMI.
   c) PS/2.
   d) HTTP.
   e) USB.

5. **(Funiversa/MTUR/Agente Administrativo/2010)** A forma de distribuição de software que permite copiar, distribuir sem restrições e usar experimentalmente

por um determinado período, após o qual, para continuar o uso, é necessário pagar um valor que geralmente é pequeno em relação a outros softwares proprietários, é denominada

a) freeware.
b) litewaire.
c) shareware.
d) firmware.
e) mallware.

6. **(Cespe/Correios/Agente de Correios/Carteiro/2011)** Na computação básica, os computadores realizam operações de acordo com um sistema de numeração embasado nos números 0 e 1. Esse sistema é denominado

a) binário.
b) octal.
c) quântico.
d) decimal.
e) hexadecimal.

CAPITULO 2 – SISTEMAS OPERACIONAIS WINDOWS E LINUX

7. **(Cespe/CNJ/Técnico Judiciário/2013)** No Sistema Windows, a opção meus locais de rede permite visualizar, se estiverem devidamente configurados, locais de rede que podem ser acessados, assim como atalhos para servidores de rede, web e FTP.

8. **(FCC/TRE-TO/Analista Judiciário/2011)** No Linux, quando um processo recebe um determinado sinal, em regra, executa as instruções contidas naquele sinal. O kill, que é um comando utilizado para "matar" um processo, pode, também, ser usado para enviar qualquer sinal. Entretanto, se for usado sem o parâmetro de um sinal, ele executará a mesma função do sinal

a) STOP.
b) SEGV.
c) TERM.
d) CONT.
e) ILL.

9. **(Cespe/TRT 10ª Região/Nível Médio/2013)** O Outlook Express permite o envio de uma mensagem a um usuário, com cópia oculta para diversos outros usuários simultaneamente.

10. **(FCC/Banco do Brasil/Escriturário/2011)** Em relação aos recursos comuns, tanto no Windows, quanto no Linux, é **incorreto** afirmar que possuem
a) sistema operacional de código aberto.
b) sistema operacional multiusuário e multitarefa.
c) suporte a vários sistemas de arquivos.
d) restrição de acesso a usuários, arquivos e pastas (diretórios).
e) administração e assistência remotas.

11. **(Cesgranrio/EPE/Assistente Administrativo Júnior/2007)** Os três itens básicos de segurança gerenciados pela Central de Segurança do Windows XP Service Pack 2 (SP2) são:
a) proteção contra vírus, sistema e opções de energia.
b) contas de usuário, opções de energia e opções da Internet.
c) atualizações automáticas, opções de acessibilidade e opções de pasta.
d) firewall, sistema e conexões de rede.
e) firewall, atualizações automáticas e proteção contra vírus.

12. **(Cespe/AGU/Fiscal/2010)** O tamanho da fonte em uma página visualizada com o Internet Explorer, em um computador cujo sistema operacional é o Windows XP, pode ser aumentada por meio da opção Fontes no painel de controle.

13. **(Cespe/FUB/Médico/2011)** O Linux permite que o sistema seja inicializado tanto em modo texto, usando-se um shell orientado a caractere com um interpretador de comandos, como em um sistema de janelas, utilizando-se um shell gráfico.

14. **(Cespe/FUB/Médico/2011)** Na partição de boot do Linux, estão localizados os diretórios /etc e /root, que são responsáveis, entre outras coisas, pela manutenção dos arquivos binários executáveis do Linux.

15. **(Instituto Cidades/Unifesp/Analista/2009)** Acerca da estrutura de pastas do Linux, analise as seguintes afirmativas:
I – O diretório raiz está tomado pelas pastas do sistema e espera-se que o usuário armazene seus arquivos pessoais dentro da sua pasta no diretório /home.

II – O diretório /bin armazena os executáveis de alguns comandos básicos do sistema, como o su, tar, cat, rm, pwd.

III – A pasta /boot armazena o Kernel e alguns arquivos usados pelo Lilo (ou grub, dependendo de qual distribuição o usuário instalou), que são carregados na fase inicial do boot.

Podemos afirmar corretamente que:

a) Todas as afirmativas estão corretas.

b) Todas as afirmativas estão incorretas.

c) Apenas as afirmativas I e II estão corretas.

d) Apenas as afirmativas II e III estão corretas.

16. **(Cespe/TRT 10ª Região/Nível Médio/2013)** Por ser um sistema operacional aberto, o Linux, comparativamente aos demais sistemas operacionais, proporciona maior facilidade de armazenamento de dados em nuvem.

17. **(Cespe/TRT 10ª Região/Nível Médio/2013)** O Windows Explorer do Windows 8 possibilita que o usuário salve um arquivo em nuvem por meio da opção Salvar na Nuvem, que pode ser acessada ao se clicar o menu Arquivo.

18. **(Cespe/TRT 10ª Região/Nível Médio/2013)** O Mozilla, que é um software nativo do Linux, não pode ser executado no ambiente Windows.

19. **(Cespe/TRT 10ª Região/Nível Superior/2013)** Uma das vantagens do Windows 8 é sua capacidade de realizar automaticamente armazenamento em nuvem.

CAPÍTULO 3 – EDITORES DE TEXTOS – MICROSOFT WORD E BROFFICE.ORG WRITER

Julgue o item seguinte, acerca do ambiente Windows e do Microsoft Office 2010.

20. **(Cespe/CNJ/Técnico Judiciário/2013)** No Word 2010, na guia Revisão, é possível acionar os grupos revisão de texto e controlar alterações, que apresenta uma série de atributos de controle de alterações de um documento, como a revisão ortográfica e gramatical e o realce das alterações realizadas no documento, em suas diferentes versões.

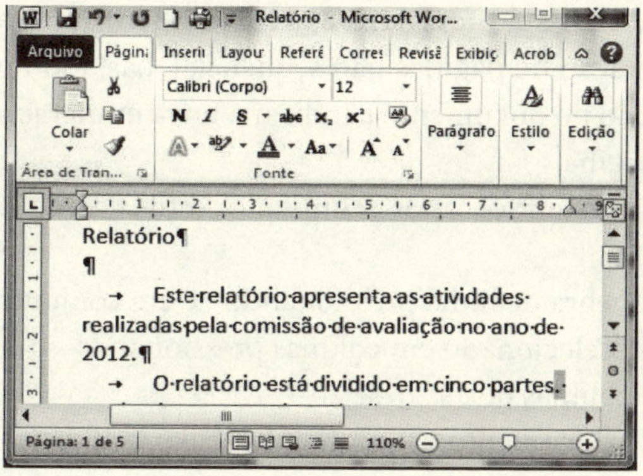

(Cespe/Ministério da Integração Nacional/Técnico Administrativo/2013) Com base nas situações mostradas na figura acima, que apresenta janela do Word 2010 foi aberta em um computador equipado com sistema operacional Windows 7, julgue o item subsequente.

21. Para se aplicar a fonte Times New Roman em todo o texto mostrado na janela I, é suficiente aplicar um clique duplo em qualquer ponto do texto – o que permite selecionar todo o texto –; em seguida, acionar o botão 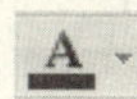, para abrir uma caixa de ferramentas que apresenta uma lista de fontes; e finalmente escolher a fonte Times New Roman mostrada nessa lista.

22. **(Cespe/Caixa/Escriturário/2010)** Acerca dos aplicativos da suíte BR Office, assinale a opção correta.

a) É recomendado utilizar o Impress para a criação de bancos de dados em ambiente eletrônico.

b) O Writer é um editor de texto de fácil utilização que cria arquivos .doc ou .odt, mas não suporta arquivos em formato HTML.

c) O BR Office oferece um conjunto de software gratuitos, utilizados para a manutenção de ambiente de trabalho, configuração de rede, eliminação de vírus e também acesso à Internet.

d) O Calc é uma ferramenta em software livre utilizada para a criação de planilhas eletrônicas.

e) O Draw é a ferramenta do BR Office destinada à elaboração de apresentações de slides.

23. **(Cespe/FUB/Cargos de Nível Médio/2011)** O Word 2007 possui, por padrão, uma série de estilos predefinidos que permitem formatar automaticamente, entre outras características, a fonte e o parágrafo usados em um documento em edição.

24. **(FGV/TRE-PA/Analista Judiciário/2011)** No Microsoft Word, é possível

a) inserir numeração de páginas não sequencial, bastando para tal inserir uma quebra de seção no documento e indicar a nova numeração na formatação do número de página.

b) criar um índice analítico, após delimitar os estilos como "títulos", pressionando a tecla F2.

c) inserir uma quebra de linha pressionando-se em conjunto Ctrl e Enter.

d) dividir o texto selecionado em colunas pressionando-se em conjunto Alt, X e o número de colunas que se deseja.

e) ir ao início do documento pressionando-se em conjunto Shift e PageUp.

25. **(FCC/Banco do Brasil/Escriturário/2011)** Uma das opções do menu Arquivo do editor de texto do BrOffice (Writer) que NÃO tem correspondência nominal com o menu Arquivo do MS-Word é

a) Modelos.

b) Novo.

c) Abrir.

d) Salvar como.

e) Propriedades.

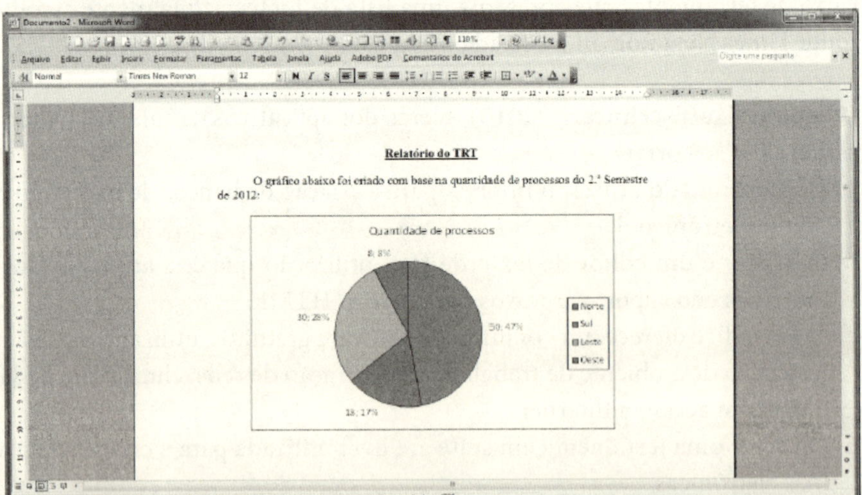

(Cespe/TRT 10ª Região/Nível Médio/2013) Tendo como referência a figura acima, que exibe um gráfico contido em um texto em edição no Word, julgue o item a seguir.

26. O gráfico apresentado pode ter sido criado com ferramentas próprias do Excel e transferido em seguida para Word.

CAPÍTULO 4 – PLANILHAS ELETRÔNICAS – MICROSOFT EXCEL E BROFFICE CALC

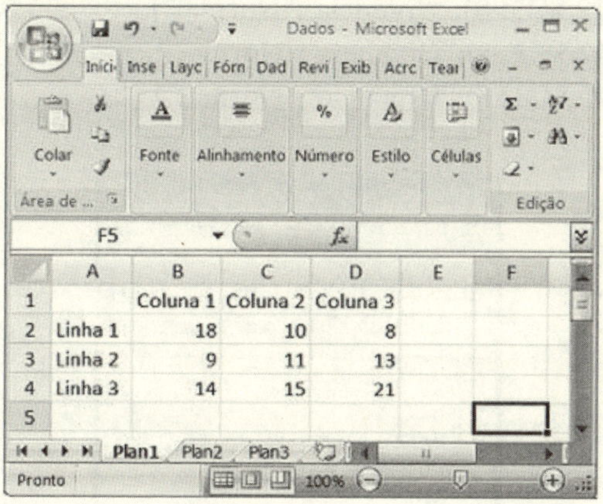

27. (Cespe/CNJ/Analista Judiciário/2013) Com relação ao aplicativo Microsoft Excel e à figura acima, que mostra uma planilha em edição nesse aplicativo, assinale a opção correta.

a) Ao se clicar a célula D3, e, em seguida, se pressionar a tecla DELETE o conteúdo da célula D3 será apagado, e o conteúdo da célula D4 será movido para a célula D3.

b) Os números 18 e 24 aparecerão, respectivamente, nas células E2 e E3, ao final da seguinte sequência de ações: clicar a célula E2; digitar =C2+D2 e teclar  clicar novamente a célula E2, clicar o botão ; cliclar a célula E3; clicar 

c) Ao se aplicar um clique simples na célula B1 e um clique duplo na célula D1, será selecionado um grupo de células formado pelas células B1, C1 e D1.

d) O procedimento sucessivo de se clicar a célula E2, digitar a sequência de caracteres =B2+C2+D2/3 e teclar 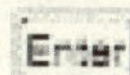 fará que seja exibido na célula E2 o número 12, ou seja, a média aritmética das células B2, C2 e D2.

e) Ao se selecionar as células B3, C3 e D3 e se clicar, em seguida, o botão 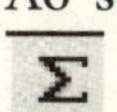 aparecerá uma caixa de diálogo com diversos tipos de fonte, que permitirão ao usuário redefinir as fontes usadas nas células selecionadas.

28. (Vunesp/TJ-SP/Escrevente Técnico Judiciário/2013) Considere a seguinte fórmula digitada na célula A1 de uma planilha do MS-Excel XP, em sua configuração original.

=SE(E(B$2>12;$C3>8);"Urgência";"Normal")

Ao se copiar a fórmula para a célula B1, tem-se:

a) =SE(E(B$4>12;$C2>8);"Urgência";"Normal").
b) =SE(E(B$3>12;$C2>8);"Urgência";"Normal").
c) =SE(E(C$2>12;$C3>8);"Urgência";"Normal").
d) =SE(E(B$2>12;$C3>8);"Urgência";"Normal").
e) =SE(E(B$2>12;$C4>8);"Urgência";"Normal").

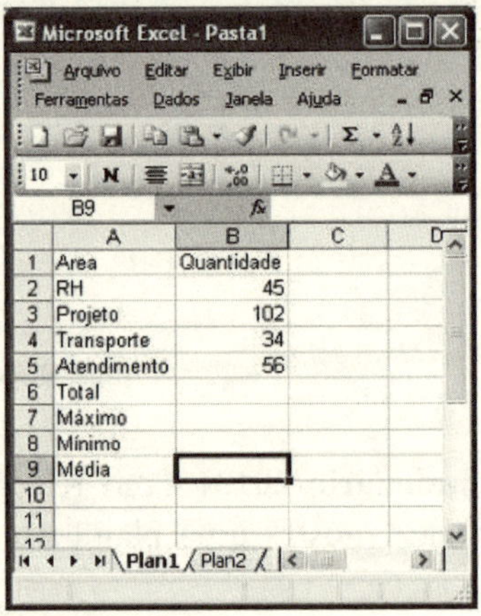

29. (Cespe/Seger-ES/Analista Executivo – Direito/2013) Considerando a figura acima, que apresenta uma planilha em processo de edição no Excel, assinale a opção correta.

a) Ao se clicar na ferramenta , os dados serão organizados automaticamente em ordem alfabética.

b) Para centralizar os textos das células A1 e B1, é suficiente selecioná-los e clicar o ícone .

c) Após dar duplo clique no ícone 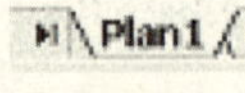, será apresentada uma janela que permite salvar a planilha.

d) Para calcular Máximo, o procedimento correto é clicar a célula B7 e a ferramenta .

e) Selecionando-se as células de B2 a B5 e pressionando-se, em seguida, o botão , serão acrescentados, à direita das quantidades, uma vírgula e o algarismo zero.

30. (Cespe/Caixa/2010) A respeito dos modos de utilização de aplicativos do ambiente MS Office, assinale a opção correta.

a) Ao se clicar no nome de um documento gravado com a extensão .xls a partir do Meu Computador, o Windows ativa o MS Access para a abertura do documento em tela.
b) As opções Copiar e Colar, que podem ser obtidas ao se acionar simultaneamente as teclas, + e + respectivamente, estão disponíveis no menu Editar de todos os aplicativos da suíte MS Office.
c) A opção Salvar Como, disponível no menu das aplicações do MS Office, permite que o usuário salve o documento correntemente aberto com outro nome. Nesse caso, a versão antiga do documento é apagada e só a nova versão permanece armazenada no computador.
d) O menu Exibir permite a visualização do documento aberto correntemente, por exemplo, no formato do MS Word para ser aberto no MS PowerPoint.
e) Uma das vantagens de se utilizar o MS Word é a elaboração de apresentações de slides que utilizem conteúdo e imagens de maneira estruturada e organizada.

31. (Cespe/Câmara dos Deputados/Analista Legislativo/2012) O usuário que deseja copiar um gráfico gerado no Excel para um documento em edição no Word poderá usar a área de transferência em conjunto com o recurso Colar Especial. Caso o usuário selecione a opção Imagem desse recurso, o gráfico será copiado para o texto sem possibilidade de edição.

32. (AOCP/CRA-SP/Assistente/2008) No Microsoft Office Excel 2003, instalação padrão, português Brasil, o tamanho da fonte deve estar obrigatoriamente entre quais valores?
a) 1 a 109.
b) 1 a 400.
c) 1 a 309.
d) 1 a 200.
e) 1 a 409.

33. (Copeve/Ufal/2011) Numa planilha inicialmente vazia do BrOffice, na célula D8 foi escrito =B5+$C4; depois de arrastar essa célula pela alça de preenchimento, até atingirmos a célula E8, o valor da célula E8 será
a) =C5+$D4.
b) =B5+$D4.
c) =C5+$C5.
d) =C5+$C4.
e) =B5+$C4.

34. **(Cespe/TRT-RN/Analista Judiciário/2010)** Na planilha eletrônica Calc, a última ação desfeita pode ser restabelecida pressionando-se simultaneamente as teclas Ctrl e R

35. **(Cespe/TJ-ES/Cargos de Nível Sup./2011)** Em uma planilha em edição no Calc, se houver um número em uma célula e se, a partir dessa célula, a alça de preenchimento for levada para as células adjacentes, será automaticamente criada uma sequência numérica a partir desse número.

36. **(Cespe/MPE-PI/Cargos de Nível Superior/2012)** No Excel, a fórmula =SOMA(D2:D7) resultará na soma do conteúdo existente na célula D2 com o conteúdo da célula D7.

CAPÍTULO 5 – APRESENTAÇÃO DE SLIDES – MICROSOFT POWERPOINT E BROFFICE IMPRESS

37. **(Copeve/Ufal/Bibliotecário/2011)** No BrOffice Impress, é possível abrir um arquivo a partir
    a) do atalho de tecla Ctrl+A.
    b) do atalho de tecla Alt+A.
    c) da opção de menu Editar Abrir... .
    d) da opção de menu Exibir Abrir... .
    e) do atalho de tecla Ctrl+O.

38. **(Cespe/CNPq/Analista em Ciência e Tecnologia Júnior - Geral/ 2011)** Ao se copiar um conjunto de dados de uma planilha Excel para apresentação em PowerPoint, após selecionar as informações, pode-se utilizar o comando Colar Especial para transferir os dados em outro formato (por exemplo, objeto de planilha, formato HTML, bitmap, imagem ou formato de texto) ou para colar um vínculo com os dados de origem do Excel.

39. **(FCC/Banco do Brasil/Escriturário/2011)** Um recurso bastante útil nas apresentações de PowerPoint ou Impress é o slide-mestre. O slide-mestre serve para:
    a) resumir os tópicos da apresentação.
    b) controlar a ordem de apresentação dos slides.
    c) controlar, por software, todas as funcionalidades do equipamento projetor.

d) exibir a apresentação sem a necessidade de ter o PowerPoint ou Impress instalado em seu computador.

e) definir uma formatação padrão para todos os slides que forem criados com base nele.

40. (Cespe/BRB/Escriturário/2010) O Impress é um software que permite a edição de apresentações de slides, os quais, de acordo com a preferência do usuário, podem ser adequados à audiência para a qual será apresentado o conteúdo, podendo-se escolher o formato como retrato ou paisagem, e variar os tipos de design e leiaute, os estilos e a formatação.

41. (Funiversa/MPE-GO/Arquivista/2010) Assinale a alternativa correta em relação à suíte de programas de escritório BrOffice.

a) O BrOffice Impress é utilizado para criar e gerenciar bancos de dados.

b) O aplicativo Presentation da suíte BrOffice cria e edita apresentações em slides para reuniões.

c) Arquivos com extensão .doc não podem ser abertos diretamente do BrOffice. Para ler esse tipo de arquivo, deve-se usar um aplicativo específico de conversão de .doc para .odt.

d) O BrOffice Writer pode, a partir de um documento, gerar arquivos no formato PDF.

e) Uma das diferenças entre o BrOffice Writer e outros aplicativos comerciais é que o Writer ainda não possui a funcionalidade de criar e executar macros.

CAPÍTULO 6 – NOÇÕES SOBRE INTERNET E INTRANET

42. (Cespe/TRT 10ª Região/Nível Superior/2013) A infraestrutura utilizada no armazenamento de dados em nuvem privada é própria e atende, exclusivamente, a uma única organização.

43. (Cespe/TRT 10ª Região/Nível Médio/2013) O Mozilla, que é um software nativo do Linux, não pode ser executado no ambiente Windows.

44. (Cespe/CNJ/Nível Médio/2013) Por meio da opção diagnosticar problema de conexão, do IE, é possível identificar erros na conexão com determinado sítio da internet que deseja consultar, pois essa opção informa se ele está ou não no ar no momento da tentativa de acesso.

45. (Cespe/CNJ/Nível Médio/2013) O Google Chrome é um Browser disponível para a navegação e que possui exclusividade no uso do Google como mecanismo de pesquisa de páginas.

(Cespe/BRB/Escriturário/2010) A respeito dos conceitos relacionados à internet, julgue os itens que se seguem.

46. O acesso à Internet em alta velocidade por meio de conexão dial-up, via linha telefônica, também conhecido como serviço ADSL, dispensa o uso de modem, visto que, nesse caso, a conexão ocorre diretamente a partir de infraestrutura das empresas de telefonia fixa ou móvel (celular).

47. Para que o SMTP, um protocolo de recebimento de mensagens de e-mail pela Internet, seja utilizado, é necessário um endereço IP do servidor que armazene as mensagens de correio eletrônico do usuário do serviço.

48. Com o surgimento da WWW (World Wide Web), o acesso a arquivos de conteúdo apenas textual evoluiu para arquivos que agregam diversos formatos, com destaque para os documentos hipermídia, que são a união de hipertexto com multimídia, ou seja, textos com links, imagens, sons, vídeos, entre outros recursos.

49. No Internet Explorer (IE), a partir de Opções da Internet, encontrada no menu Ferramentas, é possível configurar uma série de parâmetros como, por exemplo, a página inicial que será acessada toda vez que o IE for aberto e em que pasta devem ser armazenados os arquivos temporários da Internet.

CAPÍTULO 7 – SEGURANÇA DA INFORMAÇÃO

A respeito de segurança, organização e gerenciamento de informações, arquivos, pastas e programas, julgue o item que se segue.

50. (Cespe/MPU/Técnico Administrativo/2013) O firewall atua interceptando conexões não autorizadas e(ou) nocivas em uma rede, impedindo, assim, que elas se propaguem.

51. (Funiversa/PMDF/Soldado/2013) Com o uso crescente da Internet, aumenta também o número de ataques e a propagação de programas maliciosos de computador. Há diversos tipos de ataques virtuais, alguns relacionados com acesso indevido a redes de computadores de terceiros e outros em forma de vírus embutidos em programas ou mensagens eletrônicas. Um novo tipo de golpe tem como objetivos capturar informações como nomes, números de contas e cartões de crédito, senhas, utilizando mensagens falsas e fazendo a vítima acreditar que esta fornecendo tais informações a uma pessoa de confiança. O nome dado a esse tipo de ataque é

a) spam.
b) spyware.
c) phishing.
d) trojan.
e) worms.

52. **(Vunesp/TJ-SP/Médico/2013)** Segundo os padrões internacionais de segurança da informação, ISO/IEC 17799:2005, a propriedade básica de segurança que garante que a informação manipulada mantenha todas as características originais estabelecidas pelo proprietário da informação, incluindo controle de mudanças e seu ciclo de vida (nascimento, manutenção e destruição), é

a) confidencialidade.
b) disponibilidade.
c) autenticidade.
d) integridade.
e) irretratabilidade.

53. **(Instituto Cidades/Ministério da Cultura/Téc. de Nível Superior/2013)** Um dos princípios básicos da segurança da informação é a Confidencialidade. Identifique a opção que melhor está relacionada a este princípio.

a) Identificação correta de um usuário ou computador.
b) Proteger a informação contra sua revelação para alguém não autorizado.
c) Proteger a informação contra sua modificação por alguém não autorizado.
d) Ter as informações acessíveis e prontas para uso.
e) Garantir que o usuário é realmente quem ele diz ser.

54. **(Cespe/TJDF/Técnico Judiciário/2013)** A criptografia, mecanismo de segurança auxiliar na preservação da confidencialidade de um documento, transforma, por meio de uma chave de codificação, o texto que se pretende proteger.

55. **(Cespe/TJDF/Técnico Judiciário/2013)** Backdoor é uma forma de configuração do computador para que ele engane os invasores, que, ao acessarem uma porta falsa, serão automaticamente bloqueados.

56. **(Cesgranrio/EPE/Assistente Administrativo/2007)** Os três itens básicos de segurança gerenciados pela Central de Segurança do Windows XP Service Pack 2 (SP2) são:

a) proteção contra vírus, sistema e opções de energia.
b) contas de usuário, opções de energia e opções da Internet.
c) atualizações automáticas, opções de acessibilidade e opções de pasta.
d) firewall, sistema e conexões de rede.
e) firewall, atualizações automáticas e proteção contra vírus.

57. **(Cespe/CNJ /Técnico Judiciário – Área Administrativa/2013)** Com relação à segurança na internet, os sistemas de detecção de intrusos consistem em ferramentas auxiliares, utilizadas para evitar que determinados programas verifiquem a existência de portas TCP abertas em um computador e venha a invadi-lo por intermédio delas.

58. **(Consulplan/Correios/Agente de Correios/2008)** A segurança digital visa proteger dados e documentos pessoais. Pensando nisso, foi criado o conceito de senha. Uma senha ou palavra-chave (por vezes, referida no inglês password) é uma palavra ou uma ação secreta, previamente convencionada entre duas partes como forma de reconhecimento. Em sistemas de computação, senhas são amplamente utilizadas para autenticar usuários e permitir-lhes o acesso a informações personalizadas armazenadas no sistema. Qual alternativa abaixo NÃO deve ser utilizada como senha por não ser segura?
a) Palavras com pontuação e letras maiúsculas e minúsculas.
b) Letras com símbolos.
c) Iniciais de uma frase ou poema.
d) Letras e números.
e) Palavras do dicionário.

59. **(Cespe/TRT 10ª Região/Técnico Judiciário – Área Administrativa/2013)** Os programas, documentos ou mensagens passíveis de causar prejuízos aos sistemas podem ser incluídos na categoria de malwares, que podem ser divididos em três subgrupos: vírus propriamente ditos, worms e trojans ou cavalos de troia.

Comentários do Simulado

CAPÍTULO 1 – NOÇÕES DE HARDWARE E SOFTWARE – COMPONENTES FUNCIONAIS DO COMPUTADOR

1. Gabarito: **b**.

RELAÇÃO DE EQUIVALÊNCIA			
Unidade	**Medidas**	**Bytes**	**Potência**
1 KB (Kilobyte)	1024 B	1.024	2^{10}
1 MB (Megabyte)	1024 KB	1.048.576	2^{20}
1 GB (Gigabyte)	1024 MB	1.073.741.824	2^{30}
1 TB (Terabyte)	1024 GB	1.099.511.627.776	2^{40}
1 PB (Petabyte)	1024 TB	1.125.899.906.842.620	2^{50}
1 EB (Exabyte)	1024 PB	1.152.921.504.606.850.000	2^{60}
1 ZB (Zetabyte)	1024 EB	1.180.591.620.717.410.000.000	2^{70}
1 YB (Yottabyte)	1024 ZB	1.208.925.819.614.630.000.000.000	2^{80}

Relação de equivalência entre unidades de medida.

Para uma compreensão mais precisa, saiba que nosso sistema de numeração é o decimal e utiliza a base 10, de dez dígitos. Já o computador utiliza o sistema binário, de base 2, com apenas dois dígitos. Portanto, na representação das medidas computacionais, convencionaram-se os padrões 2^{10}, 2^{20}, 2^{30}, e assim sucessivamente, como múltiplo de medidas. Logo, 1 kb equivale a 1.024 bytes e não 1.000 bytes, uma vez que 2^{10}=1.024.

Significa, ainda, dizer, por exemplo, se um texto qualquer gravado em um computador ocupa 1.380 kb. Logo, para descobrir quantos bytes este possui, deve se multiplicar 1.380 por 1.024.

X = 1.380 x 1.024

X = 1.413.120 bytes

Para se saber quantos bytes são ocupados em um arquivo que possui 3,5 gigabytes, deve-se multiplicar 3,5 por 1.024 três vezes. Logo, teremos:

3,5 GB = 3,5 x 1024 = 3584 MB

3584 MB x 1024 = 3.670.016 KB

3.670.016 KB x 1024 = 3.758.096.384 bytes

2. Gabarito: **Anulada.**

Seria uma questão fácil não fosse a presença do termo **equipamentos de software**. Em geral, expressões como **equipamentos**, **dispositivos**, **hardware**, **recursos físicos** equivalem-se, jamais sendo usado o termo **equipamento relacionado a software**. Isso causa confusão e duplicidade de interpretação. Se o item utilizasse a expressão **componente de software** ou simplesmente **software**, estaria certa. No entanto, o item está errado. O gabarito preliminar havia apontado o item como certo, mas se percebe que a segunda ocorrência do termo **equipamento** prejudicou o julgamento do item.

3. Gabarito: **c**.

A Random Access Memory (RAM) é a Memória de Acesso Aleatório usada pelo processador para armazenar os dados que estão sendo processados. Considerada uma memória de Escrita e Leitura, usada para evitar que sempre que um dado seja lido ou gravado tenha que ser buscado do disco rígido ou de outros meios de armazenamento. Esses meios de armazenamento também podem ser chamados de **memória de massa**. Por exemplo: pendrives, cartões de memória, SSD, CD, DVD, etc. A RAM é tida como uma memória volátil, ou seja, todos os dados são perdidos quando desligamos o computador.

Os programas que usamos em nossos computadores são armazenados, normalmente, em uma memória de massa - disco rígido, por exemplo - e, sempre que os executamos, eles são carregados na memória principal (RAM). Isso ocorre porque o acesso ao disco rígido é extremamente lento, comparado ao acesso feito à memória principal.

4. Gabarito: **d**.

Alternativa **a**: porta serial: é uma conexão antiga, conhecida também como RS-232 e quase não é mais utilizada nos computadores atuais. Nessa porta de comunicação é possível conectar modems, mouses de modelos antigos, além de outros equipamentos de hardware. Um versão mais nova da RS-232 é a PS/2, acrônimo para porta serial 2; nesta questão, o termo PS/2 aparece na alternativa **c**.

Alternativa **b**: HDMI (High-Definition Multimedia Interface) trata-se de uma interface totalmente digital de áudio e vídeo capaz de transmitir dados não comprimidos, representando, por isso, uma alternativa melhorada aos padrões analógicos, tais como: radiofrequência, cabo coaxial, vídeo composto, S-Video, SCART, vídeo componente, Terminal D e VGA. A tecnologia HDMI permite comunicação entre qualquer dispositivo de som ou vídeo digital, como monitor de computador e TV digital.

Alternativa **c**: PS/2 é uma forma de porta serial, representando a segunda geração dessa tecnologia.

Alternativa **d**: HTTP (Hypertext Transfer Protocol) é um protocolo de navegação em páginas da internet e não uma conexão com dispositivos de entrada e saída, certa, portanto, por não apresentar uma forma de conexão válida

Alternativa **e**: USB (Universal Serial Bus) é também uma tipo de porta serial, mais moderna que as PS/2, capaz de conectar até 127 dispositivos simultaneamente, usando-se adaptadores (hub) USB combinandos.

5. Gabarito: **c**.

Alternativa **a**: **freeware** são softwares gratuitos. Podem ser utilizados livremente, sem que se tenha que pagar, mas, seu código-fonte não é disponibilizado e não podem ser classificados como software livre.

Alternativa **b**: **litewaire** está grafado de maneira errada, o certo seria **liteware**. Refere-se ao software que é distribuído gratuitamente, mas com recursos limitados, funcionando como uma espécie de amostra grátis. São distribuídos assim como uma forma de encorajar o usuário a adquirirem a versão completa.

Alternativa **c**: **shareware** também são programas gratuitos para testar, mas diferenciam-se de liteware por não possuírem recursos limitados. Ao invés disso, são disponibilizados para uso gratuito por determinado período de tempo. Logo após esse período, o usuário deve decidir se realmente quer comprá-lo. Esse período de tempo chama-se período de avaliação e, quando expirado tal período, o software perde suas funcionalidades.

Alternativa **d**: **firmware** refere-se ao software armazenado em chip em alguns equipamentos eletrônicos, conforme já vimos anteriormente.

Alternativa **e**: **mallware** é outro caso de erro ortográfico; o certo seria **malware** e trata-se do software desenvolvido para fins maliciosos, como vírus e programas espiões.

6. Gabarito: **a**.

Para trabalhar com números, podemos utilizar diversos sistemas de representação numérica, cada um com o seu conjunto de sinais. Para cada um deles existe uma respectiva **base** – número de diferentes algarismos usados por um sistema de numeração.

No computador, para lidarmos com valores mais elementares, foi padronizado o sistema de numeração binário (Base 2), por ser o mais adequado para representar os diferentes estados de um componente elétrico (ligado ou desligado). O termo **Bit** é a abreviação das palavras Binary Digit (Dígito Binário). Trata-se de um único valor 0 ou 1, ativado ou desativado, armazenado no seu computador.

Cada caractere, letra ou número que se vê na tela do computador é formado por oito bits, que representam a ausência ou presença de sinal elétrico pelos circuitos do computador. Com isso, definiu-se que a combinação de 8 bits usada para representar 1 caractere é chamada de BYTE, Binary Term (Termo Binário).

Na prática, ao digitarmos uma letra no teclado, o computador converte a letra em número para poder entendê-la e, assim, após processamento, representa-a no monitor. Por exemplo, ao teclarmos a letra "A" maiúscula, o computador converte essa letra para o código binário 01000001 que a representa. Após o processamento, a letra A é exibida na tela. Isso é feito em uma fração tão pequena de segundo que não chega a ser perceptível.

CAPÍTULO 2 – SISTEMAS OPERACIONAIS WINDOWS E LINUX

7. Gabarito: **Certo.**

É possível usar o Assistente para Adicionar um Local de Rede para criar um atalho para um site da Web, um site FTP ou outro local de rede. Mas, é importante lembrar que para criar um novo local de rede, é preciso ter as permissões necessárias para acessar o recurso de rede.

Embora o item esteja certo, o edital do CNJ previa o uso do Windows 7. No Windows 7 não existe um item chamado "Meus Locais de Rede", este nome era usado no Windows XP. Desde o Windows Vista que o nome foi alterado para "Central de Rede e Compartilhamento". Assim, o item seria passível de recurso, mas o gabarito definitivo da banca deu o item como certo.

8. Gabarito: **c**.

Sinais são recursos do sistema para que os processos possam se comunicar entre si e com o próprio sistema operacional, permitindo que o sistema possa interferir no processo. Por exemplo, se o usuário executar o comando kill para interromper um processo, isso será feito por meio de um sinal.

Quando um processo recebe determinado sinal e conta com instruções sobre o que fazer com ele, tal ação é colocada em prática. Se não houver instruções pré-programadas, o próprio Linux pode executar a ação de acordo com suas rotinas.

Entre os sinais existentes, temos os seguintes exemplos:

- STOP: tem a função de interromper a execução de um processo e só reativá-lo após o recebimento do sinal CONT;
- CONT: tem a função de instruir a execução de um processo após este ter sido interrompido;
- SEGV: informa erros de endereços de memória;
- TERM: tem a função de terminar completamente o processo, ou seja, deixa de existir após a finalização;

- ILL: informa erros de instrução ilegal, por exemplo, quando ocorre divisão por zero;
- KILL: tem a função de “matar” um processo e é usado em momentos de criticidade.

O kill também é um comando que o usuário pode usar para enviar qualquer sinal, porém, se ele for usado de maneira isolada, ou seja, sem o parâmetro de um sinal, kill por padrão executa o sinal TERM.

9. Gabarito: **Certo**.

Uma mensagem de e-mail com cópia oculta permite o envio de mensagens a vários destinatários sem que um saiba da existência do outro. Para isso, basta que os endereços de e-mail dos destinatários ocultos sejam preenchidos no campo Cco ou Bcc, de seu aplicativo gerenciador de e-mail.

Como o Outlook Express é um aplicativo gerenciador de e-mail, ele também possibilita o uso desse recurso.

10. Gabarito: **a**.

Muitas vezes, o usuário faz confusão entre os termos software livre e software grátis. O Linux é um software Livre e sua principal característica é o fato de poder ser modificado e aperfeiçoado livremente, por permitir acesso ao seu código-fonte. Já o Windows, como todo produto Microsoft, possui código-fonte fechado, não permite ser estudado, modificado ou adaptado às necessidades do usuário. Perceba que a Microsoft Corp. possui uma série de produtos gratuitos como Hotmail, Windows Live Messenger e outros, que podem ser considerados Software Grátis (Freeware), mas não são livres, uma vez que não possuem código-fonte aberto. Mas, Windows e Linux, ainda assim, possuem uma série de características comuns. Por exemplo, ambos são capazes de executar diversos programas simultaneamente, o que os caracterizam como sistemas operacionais multitarefa.

Em verdade, só sistemas operacionais obsoletos executam apenas um programa por vez; todos os sistemas operacionais modernos são multitarefa. Quanto ao armazenamento de arquivos, o Windows dá suporte aos sistemas FAT16, FAT32 e NTFS. Sistemas FAT são mais antigos e atualmente são basicamente usados em formatações de pendrives. Já o NTFS é mais seguro, moderno e confiável, sendo adotado como padrão do Windows para formatações de Discos Rígidos e SSD.

No Linux encontram-se sistemas equivalentes como EXT2, EXT3 e ReiserFS. Assim como no Windows, nem todos os usuários do Linux podem configurar ou instalar tudo o que bem desejar. Ambos possuem dois tipos básicos de contas de usuário: contas limitadas (usuário comum) e contas ilimitadas (administradores). O Linux ainda possui uma conta especial de superusuário (Root) que tem todas as prerrogativas sobre os demais. Então, é comum usuários terem restrições a determinadas pastas e arquivos. Apenas o Linux possui código aberto.

11. Gabarito: **e.**

Em primeiro lugar, é preciso esclarecer o que é um Service Pack. Também conhecidos pelo nome abreviado, os SPs são pacotes de atualizações que a Microsoft, fabricante do Windows, lança aproximadamente uma vez por ano. Nesses pacotes estão contidas correções e melhorias acumuladas do ano anterior. Essas melhorias envolvem atualizações de drivers, novas ferramentas, atualizações de segurança e até alterações solicitadas pelos clientes. O Service Pack 2 (SP2) é considerado um dos mais importantes já lançados para o Windows XP e é totalmente voltado para a segurança do Sistema Operacional. Ele fornece melhor proteção contra vírus, invasores e vermes. O SP2 inclui o Firewall do Windows, o Bloqueador de Pop-ups para o Internet Explorer e a nova Central de Segurança.

12. Gabarito: **e.**

A pasta Fontes do Painel de Controle serve para que o usuário possa instalar ou remover uma fonte (tipo de letra) do computador. As fontes das janelas do Windows XP podem ser alteradas usando-se a opção Avançada, dentro da guia Aparência, a partir da tela de Propriedades de Vídeo.

Já no Windows 7, as fontes das janelas podem ser alteradas clicando com o botão direito do mouse em um ponto vazio da Área de Trabalho; em seguida, selecionar Personalizar, depois Cor da Janela; em seguida, marcar a opção Configurações de Aparência Avançadas. Na lista Item, clicar na parte do Windows cuja fonte deseja alterar. Por exemplo, para mudar a fonte dos menus, clica-se em Menu na lista. Em seguida, são feitas as alterações de preferência. O usuário pode, ainda, alterar as fontes visualizadas em determinada página da internet, mas, para isso, será necessário possuir uma folha de estilos salva no computador (arquivo de extensão .CSS). Dentro do Internet Explorer, clicando em Ferramentas / Opções da Internet, clicar sobre o botão Fontes, da seção Aparência, dentro da guia Geral. Podem-se ignorar as fontes publicadas pela página e exibir as que estiverem configuradas na folha de estilos.

13. Gabarito: **Certo.**

Embora seja muito comum, atualmente, iniciar o Linux usando uma interface gráfica, também é possível iniciá-lo pelo modo terminal, que lida somente com comandos de texto.

O Linux não possui um único padrão de interface gráfica e ganha em desempenho quando operado em modo texto (bash, tash, sh). Esse tipo de operação exige mais conhecimento por parte do usuário. Comparado ao Windows, seria como se ao invés de utilizar a interface gráfica, o operador passasse os comandos por meio do prompt do MS-DOS. Caso opte pelo uso de uma interface gráfica e não textual, o Linux disponibiliza a interface KDE que tem operação similar ao Windows, além de outras interfaces, como por exemplo: Gnome, IceWM, Blackbox e WMaker.

14. Gabarito: **Errado**.

Quando um Sistema Operacional é instalado, ele cria uma estrutura de pastas (diretórios) para guardar seus próprios arquivos (e os futuros arquivos do usuário) organizadamente. No Linux, a estrutura de diretórios padronizados para o Linux são:

DIRETÓRIO	DESCRIÇÃO
/	Barra – é tido como diretório raiz, é o principal diretório e contém todos os outros.
/bin	arquivos executáveis essenciais para o sistema, programas que são usados com frequência pelos usuários.
/boot	arquivos necessários ao boot (inicialização) do sistema.
/dev	componentes físicos do computador.
/etc	arquivos de configuração.
/home	diretórios de usuários.
/initrd	arquivos necessários ao boot (em algumas distribuições).
/lib	bibliotecas essenciais ao sistema.
/mnt	pontos de montagem de outros sistemas de arquivos.
/opt	alguns programas(geralmente comerciais) utilizam este diretório.
/proc	informações sobre seu sistema.
/root	diretório do super-usuário(administrador).
/sbin	arquivos executáveis essenciais, somente administrativo (sbin = superuser binaries).
/tmp	arquivos temporários.
/usr	replicação do '/' para utilização comum (Ex: instalação de programas em geral). Seu nome deriva de Unix System Resource e armazena os recursos herdados do Unix.
/var	diretórios subsequentes são usados pelos servidores.

A partição de boot fica no diretório /boot. Quem contém as pastas /etc e /root é o diretório / (barra).

15. Gabarito: **a.**

Conforme vimos, home contém os arquivos do usuário. O diretório /bin, contém os arquivos binários, executáveis dos principais comandos do sistema. /boot contém os arquivos de inicialização do sistema. Inclusive o gerenciador de boot que pode ser Grub ou Lilo.

16. Gabarito: **Errado.**

Não há nenhuma relação com o fato de o Linux ser um sistema operacional de código aberto e facilidades da gravação de dados em nuvem. Sistema de código aberto proporciona a possibilidade de modificação e aperfeiçoamento do software. Já os sistemas proprietários, como o Windows, não possibilitam que tais alterações sejam realizadas.

17. Gabarito: **Errado.**

No Windows 8, o nome Windows Explorer foi substituído por Explorador de Arquivos e o procedimento que permite salvar na nuvem está relacionado ao SkyDrive. É que quando se utiliza o Windows 8 ou Windows RT, o logon está vinculado a uma conta da Microsoft, e o computador conecta-se à nuvem e tudo o que é importante para poder ser disponibilizado onde quer que se vá no SkyDrive.

Dessa forma, qualquer dispositivo, seja computador, notebook ou telefone, pode ser sincronizado para que se possa acessar arquivos. Inicialmente, o espaço disponibilizado é de 7 GB, e o procedimento para gravação desses dados é feito pelo movimento de arrastar para o aplicativo SkyDrive e não pelo menu Arquivo, do Explorer.

18. Gabarito: **Errado.**

Mozilla é o nome de uma fundação para desenvolvimento de softwares livres e ao mesmo tempo o nome da principal suíte de programas produzidos por essa fundação.

Os programas da fundação Mozilla, em especial o Mozilla Firefox (um navegador de Internet) e Mozilla Thunderbird (aplicativo gerenciador de e-mails) são multiplataforma, podendo ser executados em diversos sistemas operacionais diferentes.

19. Gabarito: **Errado.**

Esta questão foi inesperada pela maioria dos candidatos, além de demonstrar certa incoerência da banca. No edital fora citado Office 2010 e caíram questões envolvendo a versão 2003. Quanto ao Windows, a banca não mencionou nenhuma versão específica, mas cobrou o Windows 8, lançado em outubro, cerca de três meses antes da prova!

Observando-se aspectos conceituais, o novo Windows 8 é a maior reformulação do sistema operacional da Microsoft e tem como um de seus principais objetivos criar uma linguagem comum entre o mundo móvel, dos tablets e smartphones, e o dos computadores tradicionais.

Essa deve ter sido a mudança mais radical da história do Windows. O novo sistema não se organiza mais em torno de janelas. No lugar delas, chegaram os ladrilhos; azulejos, se preferir. Cada bloco corresponde a um programa ou aplicativo diferente. A nova interface foi pensada também para a nova geração de dispositivos com telas sensíveis ao toque; não só tablets, mas, também, computadores. Uma das grandes novidades é que ao acessar um computador com o Windows 8, é possível logar usando uma conta pessoal. Assim, boa parte dos softwares e informações que se tenham armazenadas estarão disponíveis em qualquer computador que se usar. Essa novidade reflete a tendência do armazenamento em nuvem consolidada em 2012.

Embora o Windows 8 permita o armazenamento em nuvem, essa ação depende de que, além de ter uma conexão de internet ativa, o usuário possua serviço de armazenamento que funcione como um espécie de HD virtual, esteja logado e ainda execute alguns comandos para selecionar e transferir os arquivos desejados. A Microsoft disponibiliza o app SkyDrive como um serviço opcional no Windows 8 para essa função, ou seja, esse armazenamento não será feito **automaticamente.**

O item está errado por afirmar que o armazenamento em nuvem será feito de forma **automática**!

CAPÍTULO 3 – EDITORES DE TEXTOS – MICROSOFT WORD E BROFFICE.ORG WRITER

20. Gabarito: **Certo**.

No Word 2010, a guia **Revisão** é utilizada par inserir comentários, comparar documentos, controlar alterações e para proteger o documento. As revisões incluem desde a simples verificação ortográfica e dicionários de sinônimos até controle de alterações.

Ao ativar **Controlar Alterações** é possível marcar partes do documento que tiveram seus conteúdos modificados, excluídos, movidos ou formatados. As marcas de alterações podem ser apresentadas em forma de balões ou uma forma de realce do texto, sublinhado e cor vermelha, por exemplo. Clicando sobre a marca de alteração, o usuário poderá **Aceitar** ou **Rejeitar** a alteração que foi feita no documento.

21. Gabarito: **Errado.**

Para selecionar o texto todo, usa-se Ctrl+T ou Ctrl+5 (do teclado numérico) ou outra forma de seleção como, por exemplo, teclar F8 seis vezes.

Clique duplo sobre o texto faz com que somente a palavra apontada seja selecionada. O procedimento menciona ainda o botão errado, uma vez que apresenta o botão Cor da Fonte e não Tipo de Fonte.

22. Gabarito: **d.**

Alternativa **a:** o Impress é o aplicativo BrOffice usado para elaboração de apresentações de slides, similar ao PowerPoint. Já o Base é o aplicativo específico para criação de banco de dados.

Alternativa **b:** o Writer é um processador de textos e utiliza por padrão o formato .ODT, mas também permite criar documentos em outros formatos como .DOC e .HTML

Alternativa **c:** o BrOffice é uma suíte de aplicativos de escritório, similar ao Office da Microsoft e oferece para criação de documentos de texto, planilhas, apresentações, banco de dados, desenhos e equações matemáticas.

Alternativa **d:** o Calc é o aplicativo BrOffice similar ao Excel, usado para a elaboração de planilhas eletrônicas.

Alternativa **e**: Draw é um aplicativo para criação de desenhos.

23. Gabarito: **Certo.**

O Microsoft Word utiliza um conjunto de estilos que são usados para aplicar formatações padronizadas de fonte, parágrafo, marcadores e cores. Caso o usuário não opte por aplicar nenhum estilo, o texto será formatado com o estilo Normal.

A aplicação de estilos como Título, Título 1, Título 2, Subtítulo e Citação é necessária para se inserir Índices automáticos no documento.

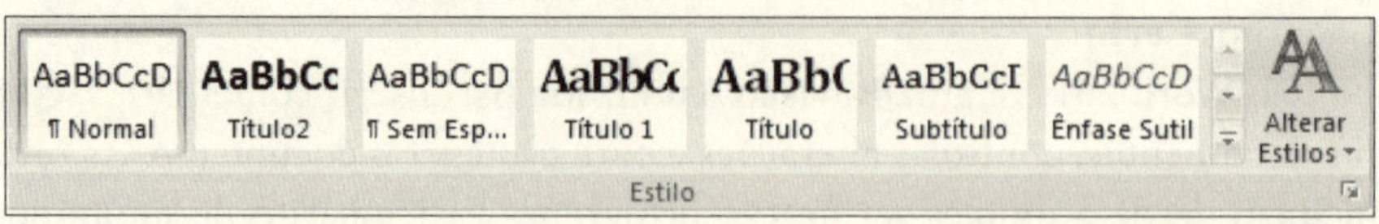

24. Gabarito: **a.**

Alternativa **a**: no Microsoft Word, uma seção é parte de um documento em que você define determinadas opções de formatação de página. Você cria uma nova seção quando deseja alterar propriedades como numeração de linha, número de colunas ou cabeçalhos e rodapés, para variar o layout de um documento em uma página ou entre páginas. Então, sempre que desejar criar numerações diferentes, ou simplesmente numerar parte de um documento e outra não, é necessário inserir uma quebra de seção. No Word 2007, a opção Quebra Seção está disponível na guia Layout da Página, clicando em Quebras.

Alternativa **b**: o Word possui quatro tipos de índices: índice remissivo, índice analítico (ou sumário), índice de ilustrações e índice de autoridades. Para criar um índice analítico é realmente necessário formatar previamente os parágrafos com estilo "Títulos". Mas, as teclas de atalho para essa função não é F2, essa serve para mover o texto selecionado para outro lugar. Para aplicar estilos de títulos ao texto use:

Título1: Alt+Shift+1
Título2: Alt+Shift+2
Título3: Alt+Shift+3
Título4: Alt+Shift+4
Título5: Alt+Shift+5
Título6: Alt+Shift+6
Título7: Alt+Shift+7
Título8: Alt+Shift+8
Título9: Alt+Shift+9

Alternativa **c**: Ctrl+Enter é usado para quebra de página. Use Shift+Enter para quebra de linha.

Alternativa **d**: Alt serve para acessar o menu ou guias do Word. Ao combinar Alt+ "uma letra", será aberto o menu correspondente àquela letra. Por exemplo: No Word 2003, Alt+X serve para abrir o menu Exibir.

Alternativa **e**: para deslocar o cursor até o início do documento, tecle Ctrl+Home. Use Ctrl+End para ir até o final do documento.

25. Gabarito: **a**.

O BrOffice possui uma série de modelos de documentos e o usuário ainda poderá criar seus próprios modelos. O Word também possui o mesmo recurso, mas os recursos são acessados a partir do menu Salvar Como ou Novo.

No menu Arquivo do Microsoft Word, não há o submenu Modelos.

26. Gabarito: **Certo**.

Os aplicativos de planilhas eletrônicas, como o Excel são mais eficientes para a criação de gráficos.

O gráfico apresentado na figura pode perfeitamente ter sido criado no Excel, copiado e depois colado no documento do Word.

CAPÍTULO 4 – PLANILHAS ELETRÔNICAS – MICROSOFT EXCEL E BROFFICE CALC

27. Gabarito: **b**.

Alternativa **a**: errada. O conteúdo da célula D4 não será movido para a célula D3;

Alternativa **b**: certa. Mais um item envolvendo os comandos Copiar e Colar. Está correto! Aparecerá 18 na célula E2 e 24 na célula E3;

Alternativa **c**: errada. Ao fim, a célula D1 ficará em modo de edição, o mesmo efeito será obtido se pressionar a tecla F2;

Alternativa **d**: errada. A fórmula correta seria =(B2+C2+D2)/3 ou =MÉDIA(B2:D2);

Alternativa **e**: errada. O botão  se refere a função Autosoma que realiza a soma de todos os valores das células selecionadas.

28. Gabarito: **c**.

Quando uma fórmula é copiada ou arrastada, usando a alça de preenchimento, de uma célula para outra, as referências são adaptadas ao novo endereço. Na questão, a fórmula encontra-se originalmente na célula A1. Após copiar a fórmula para o endereço B1, as referências às colunas irão avançar uma posição, desde que essas referências não estejam precedidas do caractere $, usado para manter a referência fixa. Note que na fórmula original somente duas células são referenciadas B2 e C3. Onde, B2 está fixando a linha (B$2) e C3 está fixando a coluna ($C3). Como na cópia não haverá mudança de linha, mas somente de coluna, a única modificação é a referência à B$2 que passará a ser C$2.

29. Gabarito: **e**.

O botão 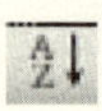 permite que os dados sejam classificados em ordem alfabética. Mas, para isso, é necessário previamente selecionar os dados que deseja ordenar. Quando esse comando é acionado a partir de uma célula vazia, o Excel perguntará se o usuário deseja estender a seleção. Já o botão , apresentado na alternativa B é usado para mesclar e centralizar células. Ou seja, selecionando as células A1 e B1, as duas células se tornarão uma só e somente o conteúdo da célula A1 será centralizado. O procedimento descrito na alternativa C é usado para renomear planilhas e não para salvar o arquivo. O botão 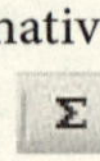, mostrado na alternativa **d** é usado para inserir a função SOMA e não apresentar o valor Máximo. Já a ferramenta 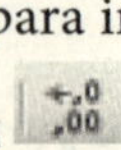 serve para aumentar a quantidade de casas decimais.

30. Gabarito: **b**.

Alternativa **a**: errada. O simples fato de clicar no nome de um documento gravado com extensão .xls, apenas fará com que esse arquivo fique selecionado. Considerando ainda a possibilidade de clicar duas vezes (clique duplo) sobre o mesmo, executará o Excel que é o programa padrão para este tipo de documento.

Alternativa **b**: certa. As teclas mais cobradas e conhecidas em concursos públicos são Ctrl + C e Ctrl+V e referem-se, respectivamente, aos comandos Copiar e Colar da Área de Transferência. Tradicionalmente esses comandos são apresentados no menu Editar pela maioria dos programas que são executados em ambiente Windows. Embora o item esteja certo, vale ressaltar que no Office 2007/2010 os comandos da Área de Transferência encontram-se disponíveis na guia Início (Página Inicial).

Alternativa **c**: errada. Quando um arquivo é salvo com outro nome, o que pode perfeitamente ser realizado com o comando Salvar Como, não se perde a versão anterior do mesmo arquivo.

Alternativa **d**: errada. O menu exibir permite que os documentos possam ser visualizados em diferentes modos de exibição dentro do mesmo aplicativo e não em outro programa como o item sugere. Por exemplo, no Word 2003 pode-se optar por visualizar o documento como Layout da Web, Layout de Impressão, Estrutura de Tópicos, Normal ou Layout de Leitura.

Alternativa **e:** errada. O PowerPoint é o aplicativo do MS-Office próprio para a confecção de apresentações em slides.

31. Gabarito: **Errado**.

O comando Colar Especial permite que um objeto disponível na Área de Transferência seja colado sem conter todas as formatações originais. Ou seja, o usuário pode optar como serão apresentadas formatações, fórmulas, fonte etc. após serem colados.

A figura a seguir apresenta a caixa de diálogo do comando Colar Especial. Embora esse comando possa ser utilizado, é errado afirmar que o gráfico será copiado para o texto "sem possibilidade de edição", uma vez que é possível editar o gráfico como imagem.

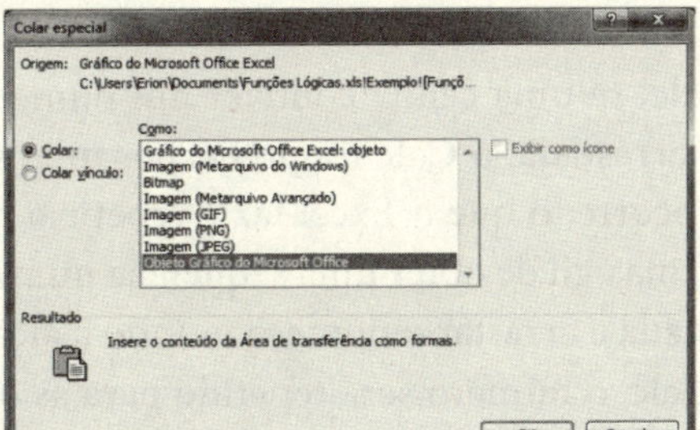

32. Gabarito: **e.**

Em geral, os aplicativos possuem limitações quanto ao tamanho máximo de fonte, zoom, margens e etc. No caso do Excel, o tamanho da fonte varia entre 1 e 409.

No Word, por exemplo, esse tamanho vai de 1 até 1638. Já os aplicativos do BrOffice ou variações como OpenOffice e Libre Office, o tamanho da fonte vai de 2 até 999,9.

33. Gabarito: **d.**

O operador $ é usado para fixar a referência de uma célula contida em uma fórmula. Assim, ao copiar a fórmula para outra célula, seja pelo comando Copiar e Colar, ou usando a Alça de Preenchimento para arrastar a fórmula para outras células adjacentes, a referência antecedida pelo caractere $ não mudará. Ou seja, não será adaptada ao novo endereço.

Dessa forma, considere que avançando a fórmula do endereço D8 para E8, o usuário terá copiado a fórmula uma coluna à frente, sem mudar de linha.

Sendo assim, as colunas que não estiverem fixadas pelo caractere $ serão adaptadas, mas não ocorrerá nenhuma alteração quanto às linhas. Logo, B5 passa a ser C5 e $C4 permanece da mesma forma. Portanto, a fórmula final será =C5+$C4.

34. Gabarito: **Errado.**

No BrOffice Calc, assim como ocorre em diversos aplicativos, a tecla de atalho para desfazer as últimas ações é Ctr+Z. Já a tecla responsável por refazer a ação que fora desfeita é Ctrl+Y. Uma curiosidade é que no Excel versão 2007 essa também é a combinação utilizada, mas nas outras versões do Excel a tecla usada para Repetir ou Refazer é Ctrl+R. Ou seja, quando a questão referir-se ao Calc ou ao Excel 2007 a tecla de atalho para Refazer será Ctrl+Y. Já nas demais versões do Excel será Ctrl+R.

A mesma explicação vale para os demais aplicativos que acompanham as suítes BrOffice e Microsoft Office, considerando as versões de cada programa.

35. Gabarito: **Certo.**

No BrOffice Calc, se uma célula contiver um número qualquer e a alça de preenchimento for arrastada, o Calc irá preencher uma sequência numérica. Já no Excel, isso não ocorre; o que o Excel faz é repetir o número para as células adjacentes. Uma forma ágil de obter uma sequência numérica no Excel é manter a tecla Ctrl pressionada e arrastar o número usando a alça de preenchimento. Se fizer o mesmo no Calc, o número será repetido para as demais células. Ou seja, os dois fazem exatamente um o contrário do outro!

36. Gabarito: **Errado.**

Planilhas eletrônicas como o Microsoft Excel e BrOffice Writer possuem diversos tipos de operadores. Dentre eles existem aqueles conhecidos como Operadores de Referência, sendo que os mais utilizados são ponto-e-vírgula e dois-pontos. O operador ponto-e-vírgula serve para fazer referência a células isoladas, já o operador dois-pontos faz referência a uma sequência de células (intervalo).

Por exemplo: na fórmula =SOMA(D2;D7) são somados apenas os valores contidos nas células D2 **e** D7. Enquanto na fórmula =SOMA(D2:D7) serão somados todos os valores contidos nas células D2 **até** D7, inclusive.

CAPITULO 5 – APRESENTAÇÃO DE SLIDES – MICROSOFT POWERPOINT E BROFFICE IMPRESS

37. Gabarito: **e.**

No BrOffice, as teclas de atalho fazem referência à língua inglesa. Por exemplo, Ctrl+A seleciona tudo, nos remete à palavra **All**, tudo em inglês. Já o comando para abrir arquivos é Ctrl+O, Open. A tecla de atalho Alt+A serve apenas para abrir o menu Arquivo.

38. Gabarito: **Certo.**

O comando Colar Especial está disponível no grupo Área de Transferência dos aplicativos Microsoft Office 2007/2010 e pode ser acionado pelas teclas de atalho Ctrl+Alt+V. Na versão 2003, o comando para Colar Especial está disponível no menu Editar.

39. Gabarito: **Errado.**

As alterações efetuadas no Slide-Mestre repercutem nos slides da apresentação vinculados a ele. As formatações efetuadas no Slide-Mestre serão a base da apresentação.

40. Gabarito: **Certo.**

Este foi um item bem interessante. Muitos podem ter errado, acreditando que por se tratar de uma ferramenta que gera apresentações em tela, o BrOffice Impress não permita configurar itens como orientação retrato ou paisagem. Mais do que meramente configurar a orientação para definir como os slides serão impressos, a definição da orientação paisagem ou retrato influenciam diretamente em como a apresentação será visualizada, por tanto, podendo ser adequado às necessidades da audiência. Basta que para isso o usuário clique em Formatar /Página, altere as configurações e em seguida, verifique o resultado de tais alterações.

41. Gabarito: **d.**

Alternativa **a**: Impress serve para criar e editar apresentações, similar ao PowerPoint. Alternativa **b**: não existindo no BrOffice o aplicativo Presentation, citado na.

Alternativa **c**: o BrOffice Writer tem compatibilidade com Microsoft Word e reconhece arquivos com extensão DOC.

Alternativa **d:** todos os aplicativos do BrOffice possuem a opção de Exportar Diretamente para PDF tanto no menu arquivo com na barra de ferramenta.

Alternativa **e**: no Writer, as macros estão disponíveis no menu Ferramentas..

CAPÍTULO 6 – NOÇÕES SOBRE INTERNET E INTRANET

42. Gabarito: **Certo.**

Dentre os modelos de implantação da Computação em Nuvem (Cloud Computing), as Nuvens Privadas são aquelas construídas exclusivamente para um único usuário (uma empresa, por exemplo).

Diferentemente de um data center privado virtual, a infraestrutura utilizada pertence ao usuário, e, portanto, ele possui total controle sobre como as aplicações são implementadas na nuvem. Uma nuvem privada é, em geral, construída sobre um data center privado.

43. Gabarito: **Errado.**

Mozilla é o nome de uma fundação para desenvolvimento de softwares livres e ao mesmo tempo o nome da principal suíte de programas produzidos por essa fundação. Os programas da fundação Mozilla, em especial o Mozilla Firefox (um navegador de internet) e Mozilla Thunderbird (aplicativo gerenciador de e-mails) são multiplataforma, podendo ser executados em diversos sistemas operacionais diferentes.

44. Gabarito: **Errado.**

A mensagem contendo o botão "Diagnosticar problemas de conexão", é exibida pelo Internet Explorer nos seguintes casos:

- A conectividade com a Internet foi perdida.
- Site temporariamente indisponível.

- O Servidor de Nomes de Domínio (DNS) não está acessível.
- O Servidor de Nomes de Domínio (DNS) não tem uma listagem para o domínio do site.
- Talvez haja um erro de digitação no endereço.

Quando a execução for concluída, a ferramenta reportará um dos seguintes resultados:

- Não foi possível encontrar um problema.
- Um problema foi detectado. Além disso, a ferramenta fornecerá diretrizes sobre as próximas etapas para solucionar o problema.

Enfim, **não** será exibida mensagem informando se o site está ou não ar no momento da tentativa de acesso. A mensagem que acusa a indisponibilidade de acesso a um site é o erro **404**. A mensagem de erro **404** é exibida sempre que a página da Web estiver temporariamente indisponível ou foi excluída.

45. Gabarito: **Errado.**

O Google Chrome é um browser (navegador web) que dispõe de vários mecanismos de busca, como, por exemplo: Bing, Yahoo, Uol Busca etc. Para testar, abra o Google Chrome e digite chrome://settings/ na Barra de Endereço. Note que na seção **Pesquisa** você pode definir o mecanismo de busca de sua preferência.

46. Gabarito: **Errado.**

A conexão do tipo dial-up (discada) não é de alta velocidade, nem o mesmo que ADSL (Assymmetric Digital Subscriber Line, Linha Digital Assimétrica de Assinante) esta última sim, trata-se de uma tecnologia que permite a transferência digital de dados em alta velocidade (banda larga) por meio de linhas telefônicas comuns.

Nos padrões atuais de mercado, o termo ADSL só se aplica às conexões de banda larga realizadas por meio de linha telefônica fixa. Já a tecnologia de conexão em banda larga por infraestrutura de telefonia móvel é conhecida como 3G, acrônimo de terceira geração.

47. Gabarito: **Errado.**

SMTP (Simple Mail Transfer Protocol) é o protocolo-padrão para o envio de mensagens de correio eletrônico. Para sua utilização, não é necessário que se informe o endereço IP do servidor de e-mails, basta informar, no campo apropriado de cada aplicativo o cliente de e-mail, o nome do servidor de envio de mensagens. Por exemplo: smtp.gmail.com ou smtp.bol.com.br.

48. Gabarito: **Certo.**

Multimídia é uma expressão que se aplica aos dispositivos controlados por computador que permitem o acesso às informações tanto de maneira estática (ícones, textos, fotografias, gráficos) quanto de forma dinâmica (vídeo, música, imagens animadas).

Já hipertexto é um texto que me permite a leitura não linear, o qual o usuário pode clicar sobre determinado trecho em destaque para acessar informações referentes a este, técnica conhecida como link, hiperlink ou hiperligação.

Quando os dois recursos estão associados, como no caso de inúmeras páginas atualmente disponíveis na Web, usamos o termo **Hipermídia**, como fusão de Hipertexto com Multimídia.

49. Gabarito: **Certo.**

A guia Geral, que pode ser acessada a partir do menu Ferramentas/Opções do Internet Explorer permite configurar vários aspectos deste navegador. Dentre eles, o campo Home Page permite ao usuário definir qual página deseja visualizar ao iniciar o aplicativo. Já o botão Configurações, presente na seção Histórico de Navegação permite definir, dentre outros, a pasta na qual os arquivos temporários serão salvos.

CAPÍTULO 7 – SEGURANÇA DA INFORMAÇÃO

50. Gabarito: **Certo.**

Firewall é um sistema de software ou um hardware que verifica informações provenientes da Internet ou de uma rede podendo bloquear ou permitir acesso, conforme suas configurações.

A função do Firewall é regular o tráfego de dados entre duas redes diferentes e impedir a transmissão e recepção de datagramas (pacotes de dados) nocivos ou não autorizados de uma rede para outra. Não é capaz de impedir completamente que programas mal intencionado possam contaminar o computador. Portanto, é indispensável a instalação de um software antivírus ainda que o firewall esteja ativo.

51. Gabarito: c.

Phishing é uma expressão que deriva do em inglês Fishing (Pescaria), ou seja, é um tipo de golpe que objetiva "pescar" informações e dados pessoais importantes por meio de mensagens falsas. Com isso, criminosos podem conseguir nomes de usuários e senhas de um site qualquer, como também obter dados de contas bancárias e cartões de crédito.

Os demais itens apontados são Spam, mensagens de e-mail transmitidas em massa, gerando cópias indesejadas ou não solicitadas, comumente usadas para proliferarem Phishing, vírus, boatos e outras pragas virtuais.

Spyware refere-se a um software espião, usado para sondar o computador de outro usuário. Prática comumente usada também por empresas para sondar o que seus funcionários fazem nos computadores.

Trojan é um programa que abre as portas de comunicação com a Internet permitindo que um invasor acesse o computador sempre que estiver online.

Um Worm é um programa semelhante aos vírus, com a diferença de este ser autorreplicante, ou seja, ele cria cópias funcionais de si mesmo e infecta outros computadores. Tal infecção pode ocorrer por conexões de rede locais, Internet ou anexos de e-mails. Recentemente, tivemos casos de alguns worms que infectaram milhares de computadores por meio das redes sociais.

52. Gabarito: **d**.

CIDA (Confidencialidade, Integridade, Disponibilidade e Autenticidade).

Alternativa **a**: errada. Confidencialidade é uma característica da segurança da informação que garante que somente pessoas autorizadas terão acesso às informações.

Alternativa **b**: errada. Disponibilidade garante que o sistema funcione com dados confiáveis ainda que esteja sofrendo algum tipo de ataque.

Alternativa **c**: errada. Autenticidade é princípio que garante que a pessoa (física ou jurídica) com quem se troca informações é quem ela diz ser.

Alternativa **d**: integridade é princípio básico da Segurança da Informação que garante que os dados não serão alterados durante um processo de transmissão.

53. Gabarito: **b**.

Vide questão anterior.

54. Gabarito: **Errado**.

Criptografia é a técnica de codificar uma mensagem permitindo queela só seja acessada por quem possuir o código de decifragem.

Métodos Criptográficos:

- criptografia simétrica: utiliza apenas uma chave.
- criptografia assimétrica: utiliza duas chaves, conhecidas como Chave Pública e Chave Privada..

55. Gabarito: **Errado**.

Backdoors são programas que permitem o retorno de um invasor a um computador comprometido, utilizando serviços criados ou modificados para este fim; eles abrem portas de conexão para posterior invasão, e são propagados por spam, trojans, etc.

56. Gabarito: **e.**

Em primeiro lugar, é preciso esclarecer o que vem a ser um Service Pack. Também conhecidos pelo seu nome abreviado, os SPs são pacotes de atualizações que a Microsoft, fabricante do Windows, lança aproximadamente uma vez por ano. Nestes pacotes estão contidas correções e melhorias acumuladas do ano anterior. Essas melhorias envolvem atualizações de drivers, novas ferramentas, atualizações de segurança e até alterações solicitadas pelos clientes.

O Service Pack 2 (SP2) é considerado um dos mais importantes já lançados para o Windows XP e é totalmente voltado para a segurança do Sistema Operacional. Ele fornece uma melhor proteção contra vírus, invasores e vermes.

O SP2 inclui o Firewall do Windows, o Bloqueador de Pop-ups para o Internet Explorer e a nova Central de Segurança. Embora o Windows não inclua um software antivirus, a Central de Segurança verifica se há um software antivírus ativado.

57. Gabarito: **Certo**.

Os sistemas IDS (Intrusion Detection System) e IPS (Intrusion Prevention System) utilizam metodologias similares na identificação de ataques, visto que ambos analisam o tráfego de rede em busca de assinaturas ou de conjunto de regras que possibilitem a identificação dos ataques.

São ferramentas utilizadas junto a outros mecanismos de segurança, alguns exemplos são: canais de comunicação seguros, firewalls, criptografia, antivírus, entre outros, mostrando eventos que sejam suspeitos e até podendo impedir ações maliciosas preservando a segurança de um ambiente de rede. Podem simplesmente gerar relatórios ou serem autossuficientes, impedindo qualquer tentativa de invasão. Por exemplo, podem ser configurados para analisar se programas suspeitos estão utilizando métodos de "Port Scanner" para verificar a vulnerabilidade das portas de comunicação TCP e UDP. Daí, então o IDS encerra o processo que estiver executando a ação não autorizada.

58. Gabarito: **e.**

Ao lidar com manipulação de senhas, é interessante observar algumas regras para evitar que elas sejam descobertas e seus dados acessados.

- Nunca use nomes ou números que possam ser descobertos facilmente por um estranho. Isso inclui: login, nome, nome do cachorro, nome de parentes, data de nascimento, data de nascimento de parentes, placa do carro, número de celular, RG, CPF, etc...

- Nunca use palavras como senhas baseadas em palavras de dicionários, ainda que sejam palavras estrangeiras.
- Não usar variações das senhas mostradas acima como seu nome ao contrário, data de aniversário da sua namorada junto com a sua, palavra conhecida com letras minúsculas e maiúsculas, duplicadas ou palavras com números substituindo algumas letras, exemplo: PI5T4 – numa referência à palavra PISTA.
- A norma ISO 1779 recomenda senhas com no mínimo 6 caracteres. Senhas com 4 ou menos caracteres podem ser quebradas em poucas horas. É recomendável, quando o sistema permitir, o uso de senhas com no mínimo 8 caracteres.
- Nunca use a mesma senha em lugares diferentes. Se a sua senha do e-mail for descoberta, apenas seus e-mails estarão vulneráveis. Mas, não outros recursos ou serviços.
- Nunca anote suas senhas em papéis. Guarde-as somente em sua mente!
- Evite senhas com apenas letras e números. Use caracteres especiais.
- Evite reutilizar ou reciclar senhas antigas
- Altere suas senhas regularmente, como a cada 3 meses, por exemplo;
- Não guarde senhas em arquivos do Word, Excel, TXT, etc. Nem mande e-mails para si mesmo, contendo senhas importantes. Volto a repetir, de preferência, guarde-as somente em sua mente!
- Evite ser observado enquanto digita uma senha.

59. Gabarito: **Certo.**

Malware é uma expressão inglesa que reúne numa só palavra os termos malicious e software. Portanto, podemos afirmar que se trata de programas maliciosos. Ou seja, programas que têm o intuito de deliberadamente praticar uma ação maliciosa. Essas ações podem variar bastante, por exemplo, invadir um computador ou sistema, causar danos e apagar dados, roubar informações, publicidade, espionagem etc.

Originalmente, todos os malwares eram identificados simplesmente como vírus. Mas, com o passar dos anos, as técnicas foram se aprimorando e eles foram divididos em outras categorias. É bem possível que continuarão se dividindo à medida que os crackers (malfeitores que desenvolvem malwares) criarem novas maneiras de ataques a computadores. Essas categorias incluem vírus, worms, trojans, rootkits, spywares, adwares e outros menos conhecidos. Vejamos, a seguir os três casos citados na questão.

Vírus

O nome não é à toa! Os vírus diferenciam-se dos outros malwares por sua capacidade de infectar um sistema, fazendo cópias de si mesmos, inserindo parte de seu código-fonte em outros programas e usar meios para se espalhar para outros computadores, da mesma maneira que um vírus biológico faz.

Uma das formas mais comuns de proliferação de vírus é o uso de arquivos anexos em mensagens de e-mails. Isso ocorre porque quase sempre é necessário que um vírus seja acionado por meio da ação do usuário. Mas, vale lembrar que os vírus também podem estar presentes em unidades removíveis de armazenamento, por exemplo, em disco rígido, CD, DVD, pendrive.

Worms

Um worm (verme, em inglês) diferencia-se dos vírus por utilizar uma rede para se espalhar por vários computadores sem que nenhum usuário interfira nesse processo. Os worms são perigosos, pois podem ser disparados, aplicados e espalhados em um processo totalmente automático e não precisar se anexar a nenhum arquivo para isso.

Enquanto vírus buscam modificar e corromper arquivos, os worms, também são prejudiciais por tornarem as redes mais lentas.

Trojan

Trojan, forma abreviada de Trojan Horse (Cavalo de Troia, em português), é um programa que desenvolve um conjunto de funções para executar ações indesejadas e escondidas. Podem chegar até um computador por meio de um arquivo executável baixado da internet. Depois da instalação, diversos outros programas ou comandos também foram executados. Isso significa que nem todo trojan prejudica um computador, pois, em alguns casos, ele apenas instala componentes dos quais não temos conhecimento, forçadamente.

Normalmente, o trojan vem acompanhado de um backdoor, programa utilizado para testar a vulnerabilidade de um computador, manter portas de comunicação abertas, facilitando, assim, a entrada de um invasor. Daí a relação com o Cavalo de Troia, da Antiguidade. Recebe-se um conteúdo acreditando-se ser uma coisa, mas ele traz consigo outros programas embutidos, desenrolando-se em outras ações que não se espera ou do qual não se foi alertado.